科学学习心理学研究丛书

◎ 毕华林 主编

解释驱动探究的科学概念学习研究

JIESHI QUDONG TANJIU DE KEXUE GAINIAN XUEXI YANJIU

卢姗姗 著

山东科学技术出版社

图书在版编目（CIP）数据

解释驱动探究的科学概念学习研究 / 卢姗姗著 . —济南 : 山东科学技术出版社，2019.2
（科学学习心理学研究丛书 / 毕华林主编）

ISBN 978-7-5331-9594-6

Ⅰ . ①解… Ⅱ . ①卢… Ⅲ . ①科学知识—学习心理学—研究 Ⅳ . ① G302

中国版本图书馆 CIP 数据核字 (2018) 第 122273 号

责任编辑：孙　婷
装帧设计：孙　佳

主管单位：山东出版传媒股份有限公司
出 版 者：山东科学技术出版社
地址：济南市英雄山路 189 号
邮编：250002　电话：（0531）82098088
网址：www.lkj.com.cn
电子邮件：sdkj@sdpress.com.cn
发 行 者：山东科学技术出版社
地址：济南市英雄山路 189 号
邮编：250002　电话：（0531）82098071
印 刷 者：山东新华印务有限责任公司
地址：济南市世纪大道 2366 号
邮编：250104　电话：（0531）82079112

规格： 16 开（184mm × 260mm）
印张： 8
版次： 2019 年 2 月第 1 版　　2019 年 2 月第 1 次印刷
定价： 38.00 元

内容简介

科学概念学习一直是科学教育研究的基本问题。在当前国际科学教育背景下，增进学生对科学概念的理解成为研究的热点问题。解释驱动探究是在科学探究的基础上提出的，目的是通过“解释”这一核心活动驱动学生积极地参与科学探究，从而促进学生的概念理解。在分析科学概念学习的理论、本质及策略的基础上，阐述了解释驱动探究的含义、特征及要素，提出了解释驱动探究教学的框架和策略，并开展了教学实验。实验结果表明，解释驱动探究作为一种教学策略，对学生科学概念学习产生了积极的影响，不仅促进了学生概念理解水平的提升，同时消除了学生的某些相异构想。进一步通过现象图析学的研究方法构建了基于解释驱动探究的学生概念理解进程，为教师开展科学概念教学和探究教学提供了具体建议。

CONTENTS 目录

第三章 解释驱动探究：科学概念的教学策略

第四章 解释驱动探究的教学实践

第五章 解释驱动探究的教学效果

第六章 科学概念教学的建议

第一章

概念学习：国际科学教育的基本问题

概念学习一直被认为是国际科学教育研究的基本问题。在过去的三十多年里，曾在科学教育领域盛行的概念转变理论认为科学教育的目的是概念转变；当前科学教育依然重视学生的概念学习，尤其是学科核心概念的理解。当前学生的科学概念学习是什么样子的呢？典型的教学是教师把科学概念当作是没有争议的事实讲授给学生，忽视了科学概念是如何产生的。这种教学方法导致了学生对科学产生错误的印象，认为科学是对世界的客观反映，学生往往倾向于采用记忆事实的策略学习科学概念。最终的学习结果导致了学生对概念的理解不深入，存在大量相异构想，这是科学概念学习的主要问题。本章介绍了当前国际科学教育背景，并且展示了科学哲学视角下对科学概念的认识，帮助学生形成对科学应有的认识。

第一节 当前国际科学教育的背景

进入21世纪后，科学教育发生了巨大的变化。作为全球科技创新核心的美国历来重视科学教育，一些组织如美国的国家科学基金会（National Science Foundation）和国家研究理事会（National Research Council）以及美国科学促进协会（American Association for the Advancement of Science）在过去的二三十年里投入了大量的资金和精力致力于促进学生科学素养的全面提高。2011年，由美国国家研究理事会主持、美国国家科学教师协会（National Science Teachers Association）和美国科学促进协会共同研发并发布了《K-12科学教育框架：实践、跨学科概念、核心概念》（本书中简称《框架》）。《框架》汲取了科学教育研究的丰富成果，构建起当前科学教育的全景以及发展方向，引起了全球科学教育研究者的广泛关注。以下通过介绍《框架》中的一些观点，呈现当前国际科学教育的背景。

一、倡导科学概念的理解

《框架》对“科学”进行了定义，指出“科学不仅仅包括能够对自然世界运行机制进行解释的知识体系，还包括形成、扩展和完善这些知识所进行的实践活动”。科学教育的目标就是让学生理解科学领域的核心概念，即学生经过多年学习之后，能够积极参与科学实践，应用交叉概念拓展他们对学科核心概念的理解。为了达成科学教育的目标，《框架》提出需要将三个维度融合起来，分别是学科核心概念、交叉概念和科学与工程实践。

科学概念的理解不是机械记忆概念的名称和定义就可以实现的，应当是在学生已有知识经验基础上围绕学科核心概念进行深入且持续的理解。科学学习心理学的研究产生了大量的成果，在学生学习科学概念的能力、核心概念和实践活动、核心概念理解的发展、知识与实践的结合等问题上产生了许多新的观点。

第一，“儿童都是研究者”，他们学习科学的起点是对周围世界的好奇心和最初的观念，儿童在进入学校之前虽然缺乏大量的知识和丰富的经验，但是在与周围世界的接触中形成了复杂的推理方式。最初的观念和复杂的推理方式反映了学生已经知道了什么和会做什么，在任何年级都应当基于学生已有的知识（包括错误概念）和能力进行逐步深入的学习。

第二，围绕学科核心概念的学习有助于学生对科学形成连贯性的理解。确定及选择学科核心概念主要通过对比新手和专家的认知结构，这项研究历经了近二十年，目前已经在物质科学、生命科学、地球科学中形成了较为成熟的并且受到实践支撑的学科核心概念。核心概念的理解及掌握不是一两个月所能完成的，而是一个长时间持续的过程，这种对学科核心概念连贯性的理解被称为学习进程（learning progressions）。

第三，科学不仅仅包括能够对自然世界运行机制进行解释的知识体系，还包括形成、扩展和完善这些知识所进行的实践。儿童的科学学习与科学家的研究在本质上没有什么不同，只是对科学知识的理解水平和参与实践的熟练程度存在差异。这些研究成果使得研究者对科学教育的观念发生转变，他们一致认为科学教育必须建立在学生最初观念的基础上，围绕学科核心概念进行深入且连贯的理解，这个过程需要学生逐步参与实践活动并达到科学家的熟练水平。

二、重视学生的科学实践

如何促进学生在科学领域建构起对核心概念的理解？“科学探究”的理念显示了研究者将科学教育从记忆科学事实转向理解科学概念所作出的努力。在《框架》中一个明显的变化就是用“科学实践”替代了“科学探究”。

《框架》的制定者指出，科学实践并不否认科学是一个探究的过程，它更加关注的是探究过程中产生知识的具体活动。为了更加形象地描述科学探究中的活动类型，从科学探究的整个过程出发，将所需的活动划分在三个领域，具体如图1-1所示。

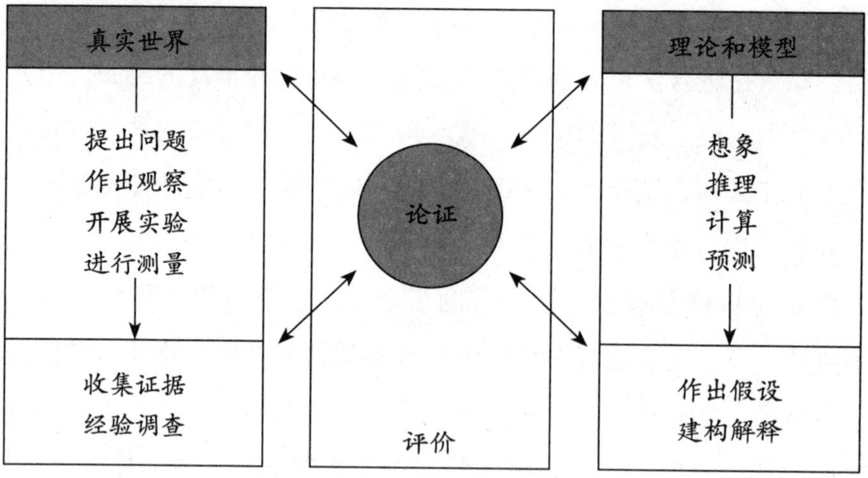

图 1-1　科学探究中的活动

第一个领域是学生在真实世界领域开展的活动，主要进行的是经验调查，包括“提出问题”“作出观察”“开展实验”“进行测量”等活动，偏向于学生的行为活动，主要目的是收集证据。第二个领域是学生应用科学理论和模型进行的认知活动，主要是对经验调查的结果建构解释或者使用模型作出假设，指导研究进一步开展，包括“想象”“推理”“计算”和“预测”等活动。第三个领域介于两者之间，是学生交流和论证的社会活动，主要是评价不同的解释以此获得结论。

虽然在科学探究过程中不同领域内包含多种活动，研究者选定了 8 项能够促进学生学科核心概念理解的核心活动，分别为：提出问题，建立和使用模型，设计和实施调查研究，分析和解释数据，利用数学和计算思维，建构解释，基于证据进行论证，获取、评估和交流信息。这些科学实践保证了不同年级的学生在相应的知识水平上都能够参与，并且不需要以固定的方式进行。

每一项科学实践都可以在不同的年级开展，随着学生科学知识的不断丰富以及对学科核心概念理解的不断深入，学生参与科学实践也将复杂化和精致化。

第二节　科学和科学概念

从科学哲学的视角呈现科学的面貌以及科学概念的本质，有一些观点与科学本质的研究类似。然而我们只是关注学生应该对科学有什么样的印象，并不把重点放在学生对科学本质的理解上。

从科学哲学的角度来看，20 世纪盛极一时的逻辑实证主义和当前的科学历史主义，虽然对科学的目的存在分歧，但是对科学概念在科学中的地位有着一致的看法。科学概念不是孤立的，而是在概念系统中有一个确定的位置，这个概念系统通常被认为是科学理论。

然而，不同的科学哲学家对科学概念的成分认识存在分歧。一种认为科学概念是科学家自由思维创造的产物，是构成科学理论的基石，这种自由思维主要是逻辑演绎推理，不能从经验中归纳得出，代表人物有亨普尔（Hempel）、爱因斯坦（Einstein）、库恩（Kuhn）。另一种认为科学概念是构成科学理论的组成部分，不仅包括构成理论且具有解释功能的科学概念，而且也包括描述科学事实的那些科学概念，两者属于不同的领域，主要代表人物有图尔敏（Toulmin）、拉卡托斯（Lakatos）。

一、科学哲学视角下的科学概念

（一）科学概念是构成科学理论的基石

逻辑实证主义认为科学的目的是发现自然现象背后潜在的基本规律。这里的基本规律是指科学定律，也被称为科学原理或科学定理。科学概念的作用是通过演绎提出科学假说或者建构科学理论体系，以此对科学定律作出解释。波普尔认为科学假说和科学理论没有本质的区别，都具有猜测性，只不过受到实际检验的程度不同。

亨普尔将科学概念在科学理论中的地位做了一个很好的比喻，他将科学理论比作一张错综复杂的空中之网，网结代表了科学概念的术语，如图 1–2 所示。

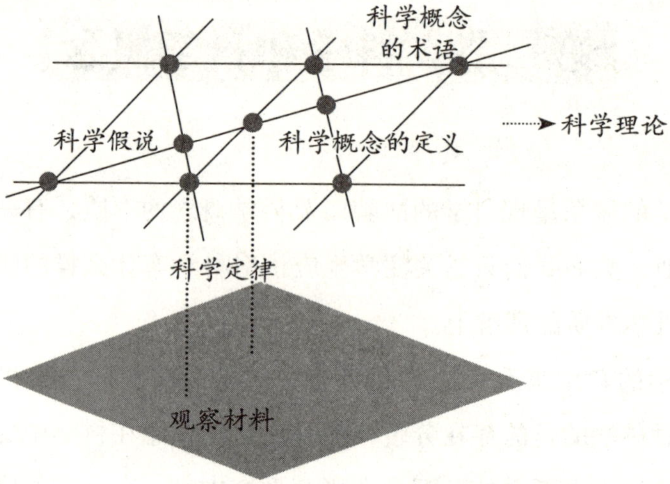

图 1–2　亨普尔对科学概念的描述示意图

在这个比喻中，还包含着以下信息：连接网结的网绳，一部分相当于科学概念的定义，一部分相当于科学假说。整张网（科学理论）漂浮在由“观察材料”构成的地面之上。在网和地面之间，是由一些点线（科学定律）连接的，它们不是网的一部分，但是能把网结和地面上特定位置的“观察材料”连接起来。根据观察（自然）的结果，通过点线（发现自然背后的规律）连接到网（科学理论）上的某个网结（科学概念的术语），通过网绳（科学概念的定义和科学假说），建立其他的点线，可以对观察到的现象进行解释。

亨普尔对科学概念在科学理论中地位的描述，类似于心理学上科学概念的图示理论。通过这一形象的描述，可以看出科学概念不是孤立的，是通过与其他概念之间的联系进行定义的，当认识一个概念时，其实是认识一个“概念群”。另外，这一描述揭示了科学概念的两个主要作用：一是通过科学概念的演绎形成理论或者提出假说，二是科学概念对观察材料具有解释作用，起到科学理论的作用。在科学教育中，克莱斯顿（Claxton）等人将学生的概念称为是“小理论（mini–theories）”，对特定的内容和情境是有效的，表明了研究者认为科学概念具有像科学理论一样的解释作用。

科学概念是构成科学理论的基石，不包括“观察材料”里描述和记录实验事实的概念，研究者认为从这些感性材料中获得的具体概念并没有秩序或凝聚力。波普尔认为从观察材料中获得的经验证据只是用来检验理论的，而不能形成理论。科学概念可以作为演绎推理的前提，能够对已知的现象作出因果解释；演绎推理出的结论又可以作为未知现象的预言。由此可以看出科学概念在科学体系中的地位是与经验相分离的，这一观点得到了爱因斯坦的认同，他从科学创造的角度认为科学概念不是从经验事实中归纳出来的，而是在经验事实的引导下通过“思维的自由创造”或“理智的自由发明”得到的。

1952 年 5 月，爱因斯坦给索洛文（Solovine）的信中阐述了科学概念这种思维产物与经验的联系问题，如图 1-3 所示。

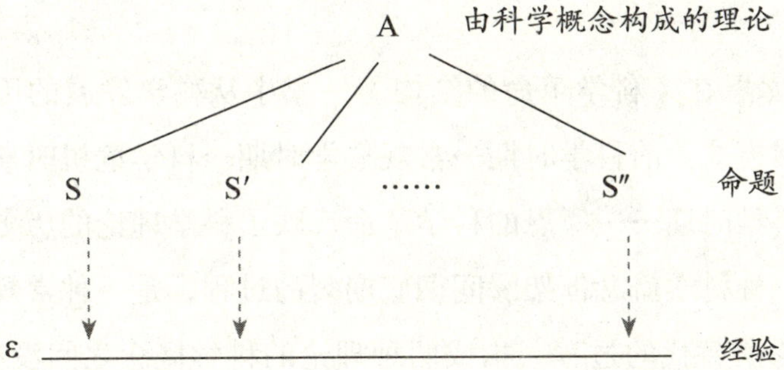

图 1-3　爱因斯坦对“思维与经验”关系的论述

爱因斯坦指出 ε 代表的经验（主要是指通过观察和体验获得的直接经验）是已知的，A 是由科学概念构成的科学理论。通过演绎推理能够导出不同的命题 S、S′、S″ 等，命题有多种表现形式，其中一种形式是通过科学概念的演绎推理对问题的答案作出的假设，反映了人们对一个事情所持有的基本观点，进而通过经验的证据能够推导出结论。结论和假设的区别就在于来自多少经验的检验。

通过这个图式可以显示科学概念的创造所需要的三种思维方式。从 ε 到 A：是指科学概念的建立是以经验为基础的，但是两者之间不存在逻辑关系，在科学概念创立之初往往依靠人们的直觉思维而进行；从 A 到 S：从科学概念可以推导出不同的命题，这个过程是通过逻辑演绎思维完成的；从 S 到 ε：通过经验的归纳可以验证个别导出的命题是真是假，但是不能通过归纳的方式获得命题或者概念。科学概念的获得并不能直接从观察具体的事物或现象中抽象得来，爱因斯坦的这一图式，得到了后来许多科学家的赞同和验证。这一观点与教育学中的观点是一致的，著名教育学家杜威（Dewey）也赞同科学概念不是由抽象事物的共同性质得来的，概念起于经验，在经验中使用使概念更加明确。

科学概念作为科学理论的基石，用著名的科学哲学家库恩的话说，科学概念应当被认为是一种范式，代表了科学共同体内开展研究以及进行交流的共同准则。例如，对于燃烧现象，17 世纪末和 18 世纪的科学家创造了“燃素说”，“燃素”作为一个科学概念，代表了化学家对燃烧现象的一致看法。当前科学家是从“氧化学说”来解释燃烧现象的，如果再提到燃烧现象，化学家就会用“氧化反应”替代“燃素”来对这种现象作出解释。科学概念作为构成科学理论的框架，反应了对一类现象进行解释的基本模式。库恩认为科学概念改变了，实际上代表了科学理论的框架发生了彻底崩溃的过程，是一种理论取代另一种理论，也被称为“科学革命”。

1962 年，库恩在《科学革命的结构》一书中从科学发展的历史出发，提出了一种科学发展模式：前科学时期→常规科学时期→科学危机时期→科学革命时期→新的常规科学时期……库恩的科学革命反映了科学理论的历史相对性，科学革命的发生是一种科学概念框架瞬间彻底崩裂的过程，是一种常规科学理论被新的常规科学理论所替代的过程，构成两种理论的科学概念之间没有直接的联系。正如“燃素”和“氧化反应”，在氧化理论中对燃烧现象解释时根本不包括“燃素”这一概念，因此两种理论下的科学概念被认作是没有通约性的。美国康奈尔大学波斯纳（Posner）等人类比了库恩对常规科学研究和科学革命的描述以及皮亚杰（piaget）的日常概念和科学概念，认为对于用相同的一个词表示的概念，学生在日常生活中形成的理解与科学家的理解是不同的。例如，对于“燃烧”，学生的日常概念认为是“化成灰烬”，而科学概念认为是“发生了反应”。所以，日常概念与科学概念属于不同的概念框架，之间是没有通约性的。他和同事用概念转变（conceptual change）表示科学概念替代日常概念的过程，认为概念是以概念框架（conceptual framework）的形式存在的，这种“概念框架”是从库恩描述科学研究的“范式”一词引申过来的。

科学概念作为构成科学理论的基石或者框架，体现了研究共同体开展研究的基本范式。从这一视角去分析中学化学课程中的科学概念时，那些构成理论的基本概念才可以算作是科学概念。在这些理论中也通常是以科学概念来命名的，如表 1–1 所示。

表 1-1　　化学课程中构成科学理论框架的科学概念

科学理论	科学概念
原子—分子理论	原子、分子、元素周期律、离子
化学键理论	化学键、离子键、共价键
溶液理论	溶液、溶质、饱和溶液、溶解度、电解质
酸碱理论	酸、碱、盐、中和反应
氧化还原反应理论	氧化还原反应、化合价
化学平衡理论	化学平衡
化学计量学	物质的量、物质的量浓度、摩尔质量

（二）科学概念是具有解释功能的知识体系

科学知识指的是自然科学领域的知识。科学历史主义认为科学的目的是建构关于自然的科学理论，其创始人之一是图尔敏，他主张科学的目的并不单纯是发现科学定律，科学作为一种人类活动，与其他人类活动一样，目标是多样的，可以是科学解释也可以是科学预见。在 1953 年出版的《科学哲学导论》中，图尔敏区分了两类性质完全不同的科学，即“描述的科学”和“解释的科学”。从科学家的认知活动及科学形成的历史这一角度来看，科学家在进行科学实践时非常重要的步骤是创造科学概念，描述和记录可观察到的（可观察到的并不代表观察到的，科学实在论对两者进行了阐述，此处不详细论述）经验事实，这一类属于“描述的科学”；解释的科学即科学理论，指出科学家建构不同的概念框架对一类自然现象作出系统的解释。后一种对科学概念的看法与认为科学概念是科学理论的基石是一致的。

从两类科学的区分中，科学定律属于“描述的科学”，科学理论属于“解释的科学”。构成科学定律的科学概念主要是描述和记录可观察到的科学事实。例如，“理想气体定律”描述了气体体积、压强和温度之间的关系，能够反映出的科学事实有“固定体积的气体，温度和压强之间呈现正比例关系”“固定压强的气体，体积和温度之间呈现正比例关系”“一定温度下的气体，体积和压强呈现反比例关系”。气体的体积、压强、温度作为科学概念，主要用来描述和记录气体的一系列特征。构成科学理论的科学概念具有解释作用，不仅可以解释科学定律描绘的科学事实，而且能够对偏离科学定律的一些事实作出解释。科学理论的解释作用是由概念框架所决定的。例如，对气体的组成或结构无法仅凭感性经验直接证实，必须通过创造一些科学概念，创造的这些科学概念就是构成科学理论的基石，用来解释科学事实。两类科学概念在科学发展的不同时期发挥的作用不同，汉森（Hanson）对此进行了区分。第一种适用于成熟的科学理论，用科学概念可以去解释各种新的现象。第二种是从观察资料出发寻求一种概念模式，称为“研究性科学”。

科学概念作为构成科学定律和科学理论的基本成分，主要有描述现象和解释现象两种功能。科学定律描述现象之间的关系，可以对未知现象作出科学预见；而科学理论是解释观察到的现象，可以对已经发生的现象作出解释。科学定律和科学理论属于不同的科学，这一点在科学教育中也得到了一些研究者的支持。例如，李德曼（Lederman）指出构成两类科学的科学概念在探究中起到非常重要的作用，如图 1-4 所示。

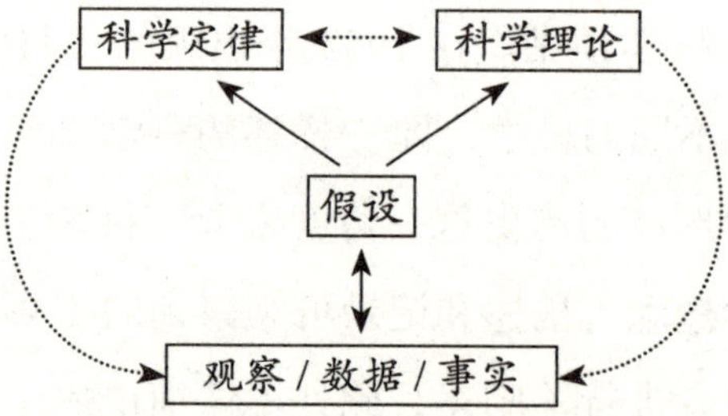

图 1-4　李德曼对科学的划分

拉卡托斯用科学研究纲领（research programme）描述了科学概念在科学研究中建构模型及解释现象的机制。在拉卡托斯的模型中，研究纲领有一个“硬核（hard core）”，被称为是“启发式”装置，包括科学概念构成的概念框架以及认识论信念；围绕硬核有一个附属的“保护带（protective belt）”，主要包含由科学概念演绎得出的一些基本假说，这些基本假说根据情境不同会发生变异（refutable variants），换句话说，科学概念针对不同情境作出不同的假设，这与心理学上对概念的图式理论所阐释的基本观点具有一致性。当一种异常情况与硬核产生冲突时，保护带会作出修正，以此保护硬核不受到威胁。例如，达尔文（Darwin）在自传中说，他少年时捡到一个热带的贝壳，拿去给地质学家西季威克（Sidgwick）看。西季威克认为这枚贝壳肯定是有人遗弃在那里的，如果是从地中而发现的，那将推翻英国中部低层经过冰河时代的研究结论。达尔文由此事感悟到科学所最关心的，是科学概念对事实作出的解释。

科学概念不仅构成了理论的框架，而且也包含经验的事实，这是科学概念对观察到的现象作出解释所具有的基本成分。在科学教育领域波斯纳等人受到拉卡托斯科学研究纲领的影响，从心理学的视角将学生头脑中的概念描述成“概念生态圈（conceptual ecology）”，包括“反例（anomalies）”“类比和比喻（analogies and metaphor）”“经验（experience）”“认识论信念（epistemological commitments）”“形而上学的信念（metaphysical beliefs）”等成分。直到沃斯尼亚杜（Vosniadou）从本体论的角度对科学概念的解释功能作出了具体描述。她使用框架理论（framework theory）来描述科学概念，之所以称为“理论”是因为科学概念能够解释观察到的物质世界。

科学概念之所以具有解释功能，研究者认为构成科学理论的科学概念之间的关系实际上是一种因果关系；换句话说，科学概念是基于观察的因果关系的概念体系或者知识系统，也被一些研究者认为是“潜藏在观察背后的理论”。当把科学概念看作是具有因果关系的知识系统时，在一定情境下通过科学概念借助一系列的推理才能够实现解释作用。科学概念的推理模式通常是以一种程序性知识储存的。例如，“电解质”这个概念，其定义为“在水溶液中或熔融状态下能够导电的化合物”，反映出一种因果关系的知识系统。“电解质溶液能够导电”是所观察到的现象，“导电”这一现象背后的因果关系是“由阴阳离子构成的离子化合物，在水溶液中与水相互作用发生了电离，离子键断裂，产生了自由移动的带电荷的离子，离子在外接电源的作用下发生定向移动，形成回路，能够发生导电”。从这一视角分析“电解质”这个概念，是基于“导电”这个现象背后由“溶液”“电离”“离子”“化合物”“电荷”“离子键”之间的因果关系构成的知识系统。当学生获得了这个科学概念，他就能够在其他的情境中根据因果关系来识别电解质的具体例子。被认为是具有因果关系的知识系统，将科学概念看作是基于观察的因果相关的理论，暗示了科学概念是由一组具有因果联系的概念组成的概念体系。概念体系在具体的情境中以不同的方式建立起因果联系。

（三）科学概念是参与科学探究的工具

从科学概念的作用来看，科学概念是参与科学探究的重要工具。美国认知心理学家杜施尔（Duschl）等人所著的《将科学带入学校》(*Taking Science to School*）规定了学生科学学习中需要熟练发展的四项能力：知道、使用和理解科学概念对自然世界的科学解释；发展和评价科学的证据和解释；理解科学知识的本质和产生；参与到科学实践和科学对话中。其中科学概念在学生参与科学实践和对话中发挥了重要的作用，对现象进行解释、建构模型、作出预测等。美国国家科学教师协会和美国科学促进协会共同研发的《框架》文件中，将科学家所做的科学探究活动划分为三个领域，指出科学概念在这三个领域发挥作用，如图1-1所示。

在科学探究的三个领域中，科学概念所发挥的作用是不同的。在真实世界是对经验的描述，通过提出问题展开一系列的调查研究，科学概念主要是对引起现象发生的重要变量的描述，如压强、浓度等概念；或者描述变量之间的关系，引导研究者开展提出问题、作出观察、计划和开展实验、设计工具进行测量等经验调查的活动。在理论世界中发挥的作用是作为对观察到的现象进行解释，包括使用科学概念对现象产生的原因进行想象，推断导致现象产生的原因并作出进一步的假设，同时结合在真实世界中收集到的相关证据来证实或证伪假设，最终建构起解释，形成结论。

科学概念可以阐释变量之间的因果关系，如学生通过对电解质概念的理解可以在溶液和导电现象之间建立起因果关系。科学概念是实现科学对话的重要工具，科学家基于证据对某科学假设作出论证，通过使用科学概念与其他科学家的研究进行批判性的交流，侧重论证及批判实验研究结果的交流。《框架》中所倡导的课程改革特别强调科学概念是在参与科学实践中形成、扩展和完善的，脱离了科学对话和科学实践的科学概念学习是不提倡的。这三个领域的科学探究虽然各有侧重，但是当开展一个领域的探究活动时也会涉及其他领域的活动。

二、科学教育中的“科学概念”

在科学教育研究中当研究者谈到“科学概念”时看法不一，劳森（Lawson）等人依据科学概念的抽象程度，将科学概念分为三类：描述性的（descriptive）、假设性的（hypothetical）和理论性的（theoretical）。认为只有理论性的概念才能够引发解释的活动，这三种类型的概念所具有的特征如表 1–2 所示。

表 1–2　　不同类型的科学概念

概念的类别	抽象程度	特征	举例
描述性的概念	具体	从环境中能够直接感知到的事物或现象	单质、混合物、摩尔
假设性的概念	抽象	对物体或事件之间联系的把握，是在理论下推演出来的概念，不能直接观察到	氧化剂、化合价
理论性的概念	抽象	无法通过经验观察或感知到，是构成相关理论的基石	分子、原子

在科学领域，描述性的概念不是指某个事物或现象，而是事物或现象之间关系的描述，能够从经验中找到概念的实例。在进行科学探究的过程中，描述性的概念指的是对探究变量的描述，可以表示物质的类别，如金属、放热反应；也可以表示物质的性质，如气体压强、体积等。都可以通过观察概念所代表的具体例子来了解概念。假设的概念是无法观察到的，根据解释的需要从理论推演出来的概念，可以方便研究者之间的交流和论证，借助这些概念能够很好地在描述的概念和理论的概念之间建立起联系，为解释提供了良好的桥梁作用。例如，氧化剂的概念，如果不借助具体的氧化还原反应是无法为学生明确指出哪种物质是氧化剂，像氯气、硫单质等物质在某些氧化还原反应中可能是氧化剂，而在另一些氧化还原反应中可能是还原剂。所以说氧化剂这个概念是由氧化还原反应理论推演出来的假设性的概念，这个概念能够帮助学生根据氧化还原反应的原理认识物质可能的性质，为实现物质之间的相互转化提供可能的方案。

理论性的概念在科学探究中具有解释的功能，并非来自于我们的直接观察，而是构成理论的基石或者是科学家的一类观念。例如，在中学化学课程中原子被认为是客观存在的，呈现球状。虽然我们对原子客观存在的事实已经不存在质疑，因为通过扫描隧道显微镜能够观测和操作原子，但是并没有人通过肉眼能够观察到单个球状的原子。因此，劳森等人将无法直接观察到的实体或过程都统一划分为“理论的概念”，如分子、原子、化学键、电离过程等。理论性的概念具有广泛的解释作用，能够对现象的原因和变化的过程给予一定的支持，正如这些理论性的概念可以通过假设性的概念对描述的概念作出解释一样。这些理论性的概念也曾被约翰斯顿（Jonestone）描述为“是一类具有解释作用的科学概念”。理论性的概念也被看作是构成基本理论的核心概念。

第二章

科学概念学习的理论、本质及策略

在科学教育领域，对于科学概念学习的认识，有的研究者采用了一般学习心理学的理论，主要包括特征表说、原型说和图式理论；还有研究者针对科学概念学习的特殊性，建构了科学学习理论，其中最有影响的是概念转变理论，另外还总结了研究者认为的有关科学概念的工具说。对于科学概念学习的本质，目前出现了大致三种基本的观点，分别为“意义建构”“知识联系”和“建构模型”。本章结合化学学科的具体案例，介绍并对比了这些理论或观点。另外，考虑到当前大多数学生采用记忆事实的策略学习科学概念，导致学生获得的概念是零散的，于是本章基于科学学习心理学的视角，对比了记忆事实和科学探究两种策略下学生不同的心理活动。

第一节　科学概念学习的理论

概念学习是学习心理研究的一个重要领域，由于研究者对学生获得的概念以及概念认知过程的认识不一样，形成了特征表说、原型说和图式理论。在科学教育领域中，很多研究者采用了这些一般的概念学习理论研究学生科学概念的学习。然而，一些研究者结合了概念学习的一般理论和科学哲学的观点，创立了科学概念学习的理论，如在20世纪80年代形成的最有影响力的概念转变理论；除了这一主流的理论，关于科学概念学习，还有研究者从维果茨基的社会建构理论出发，认为科学概念是学生参与科学研究和社会交往的工具，即本章中提到的科学概念的工具说。

一、一般学习理论

（一）特征表说（Feature List）

持有特征表说的研究者，通常认为概念是代表享有共同特征的人、物体、事件或观念的符号。概念指代的对象可以是相似的人、一类物体或客体、一类事件或一类观念，类别的划分是按照一组对象所具有的共同特征。这些共同特征又可以作为判断其他对象是否属于该类别的重要标准，因此也被称为是标准属性。例如，美国认知心理学家奥苏贝尔（Ausubel）用“标准属性（attributes）”表示概念的本质，美国著名教育家杜威用“标准化的一类观念”表示概念。特征表说认为科学概念的结构是由一条一条的标准属性所构成的，概念学习的过程是学生在大量的例子中归纳出一条一条的共同特征。

根据特征表说，科学概念是由一条一条的标准属性构成的。例如，学生要理解电解质概念，需要从大量的例子中抽象出以下几条标准属性，如表2-1所示。

表 2-1　　电解质概念的特征表

序　号	标准属性	例　子
1	电解质是化合物	酸、碱、盐、金属氧化物等
2	电解质在水溶液中能够导电	氯化钠溶液导电、硫酸溶液导电等
3	电解质在水中发生电离	氯化钠在水中电离、硫酸钾在水中电离等
……	……	……

按照特征表说，科学概念是一条一条的标准属性，标准属性的列表就是科学概念的结构。对于科学概念的学习，学生能够抽象出的标准属性越多，对概念理解越深入。这些标准属性规定了概念与其他概念之间的联系，在学习心理学上称为“命题”。一些研究者就用这种命题来表述科学概念。例如，地理科学素养组织提出地理科学领域需要学生掌握的 9 个大概念，如“地球是一个由岩石、水、空气和生命相互作用的复杂体系”。在每个大概念下，又包含很多小概念，这些小概念也是以命题的形式呈现的。

对于研究者来说，提到概念可能想到的是用一个词来表示。这个词代表了概念的所有属性，也被称为概念的术语或者符号。奥苏贝尔认为概念学习是掌握概念所有的标准属性，概念符号的学习是将概念本身与符号建立联系，他认为这是一种表征学习，这两种都是有意义的。所以，学生记住“电解质”的名称或者定义，而没有掌握电解质的标准属性，不能算作概念学习。

然而特征表说也有一定的局限性。因为科学概念的标准属性是用与其他概念之间的关系来表述的，美国信息加工理论的代表人物加涅（Gagne）指出定义不可能处于一种永远的循环之中，定义中的某些概念最初必然是在没有定义的情况下获得的。例如，当电解质被定义为“在水溶液中或熔融状态下能够导电的化合物”时，“水溶液”“熔融”“导电”“化合物”都是科学概念。这些概念又可以用其他的概念来表述，如“化合物是由两种或两种以上的元素组成的纯净物”。因此，又出现了“元素”“纯净物”等概念。到最后总有一些概念不能通过标准属性来呈现。

也就是说在科学概念学习的过程中，有些概念的标准属性是很难表达出来的。例如，“氧气”是一种与学生日常生活关系非常紧密的物质，学生如何获得这个概念呢？有的研究者用具体概念或者初级概念来解决这个问题。例如，奥苏贝尔根据概念的抽象程度，将概念分为初级概念和二级概念。初级概念是学生从可感知的具体事物和事件中抽象概括出来的概念，二级概念是通过下定义的方式描述出概念的标准属性。加涅根据学生学习过程的复杂程度，将概念分为具体概念和定义性概念。具体概念指学习者可以通过与环境中的事物或事件直接作用而获得，定义性概念是不能凭借直接的观察了解其外部特征，只有通过语言对它们进行定义才能够获得其含义。

然而，对于那些无法表达出标准属性的概念，根据皮亚杰和维果茨基的观点，这些概念是学生在日常生活中自发形成的，称为日常概念。这是一种与科学概念完全不同的概念，因为科学概念的学习是非自发的。日常概念不是科学概念的前提，反而日常概念可能会阻碍科学概念的学习。杜威将“概念”看作是具有参照标准的一般观念，指出科学概念与日常概念不同，并不是基于事物或事件直接感知的特征或是作用，而是表示事物之间因果关系的抽象概念。

研究者指出虽然有些科学概念与日常概念使用同一符号，但是标准属性完全发生了改变，很多科学概念是科学家在某一科学理论的支撑下而自创的。例如，对于“溶液”，学生的日常概念是液体的混合物，而对于溶液的科学概念，则是一种物质分散到另一种物质中形成的一类分散系。

（二）原型说（Prototype）

原型说描绘科学概念是一个包含标准属性的最佳例子。原型说的产生是研究者发现当人们判断一个概念时，头脑中总会想起一个典型性的例子，这个例子之所以典型是因为人们认为这个例子比其他例子能够更好地代表某个概念。例如，当提到“金属”这个概念时，学生头脑中的原型可能是铁、铜等物质，很少会想到锰、铬等。

根据原型说，学生对概念的其他例子的辨别需要通过对比原型和例子的相似性程度而进行。对于科学概念来说，原型可以代表一个物体或者一个过程，原型并不局限于客观世界存在的，有时学生无法通过与现实事物直接接触而获得科学概念。对于某些科学概念来说，原型有可能是学生自己想象出来的一种代表概念的模型。例如，对于“电离”，学生头脑中的原型可能是教科书插图中关于“氯化钠的电离”或者在此基础上学生自己构建的更加贴近概念的一个画面。

维纳（Vinner）将原型称为“概念映像（concept image）”，并且与特征表说的概念定义（concept definition）结合在一起，他指出概念映像是一种视觉表征和心理图像，是大脑与概念名称联系在一起的印象和经验。例如，我们对氯化钠的最初认识，在头脑中形成的就是这种结构。原型说突出了概念例子的重要性，将概念的属性与概念的例子融合起来，不需要学生通过明确的定义来说明概念。正如一些实证研究也证实学生能够说出概念的定义并不代表他们理解了概念，同样学生理解了科学概念并不一定能够说出概念的定义。原型说突出了作为经验的例子与概念的属性是分不开的。

虽然特征表说和原型说对概念结构的侧重不同，但是往往将科学概念看作是孤立的。较早对科学概念有所研究的心理学家维果茨基（Vygotsky）强调了科学概念有别于日常概念的本质特征是具有系统性的。科学概念在定义中都包含了与其他若干概念之间的关系。

（三）图式理论（Schema Theory）

图式理论认为科学概念是包含与之有关的经验、现象在内的一组事实。图式理论体现了科学概念的这一特征，将科学概念定义为是一个“图式”，表示“一组相关的概念群”，指出当被认作是一个科学概念时，其实是一组相关概念构成的整体，这个整体就是图式。

图式的基本构成单位是概念，两个概念之间的关系称为命题，命题之间依靠程序性知识连接起来。图式形象地描绘了科学概念的结构，包括相关概念、命题和程序性知识三部分构成的网络结构。图式又可以作为另一个图式的基本构成单位。例如，“金属”的图式包括“能和酸反应”“单质”“能和非金属反应”等概念及命题，而金属又会是“单质”图式中的一个概念。根据图式理论将科学概念的属性用命题来表示，概念的定义用程序性知识表示出来，同时概念的例子也被当作相关的概念包罗进来。

图式理论将科学概念的例子、本质属性和定义分别用经验、相关概念和命题来描绘在概念的结构中。在科学概念的图式结构中包含程序性知识，因此在其他情境中具有“模式识别（pattern recognition）”的能力，这是科学概念能够迁移的基础。例如，“电解质”的定义为“在水溶液中或熔融状态下能够导电的化合物”，根据图式理论，“电解质”图式包括“水溶液”“熔融”“化合物”“导电”等概念及关系，相关概念之间可以形成命题，如“熔融氯化钠导电”“化合物的水溶液导电”，但是命题有真有假，程序性知识可以通过“如果（if）—那么（then）—因此（therefore）”的形式呈现。“如果电解质溶解形成水溶液，那么就能够产生自由移动的离子，因此电解质溶液可以导电”。然而相同的概念及定义并不意味着学生的理解是一致的，由于个人的经验不同，将会造成对图式中概念的成分和结构发生变化，表现为对概念形成的理解的差异性。例如，“电解质”还可以这样被定义——“在一定条件下能够电离出自由移动离子的化合物”，这样学生关于“电解质”这个概念图式中就会增加“电离”和“离子”这两个概念。这也说明了科学概念作为定义性概念可以用不同的概念来表述，并呈现一种图式的结构，在其他情境中通过模式识别的能力辨别出该概念。

二、科学学习理论

（一）概念转变理论

在过去三十多年里，基于概念转变理论（theory of conceptual change）的科学教育研究成为一种范式，涌现出大量有关学生错误概念和概念转变的研究成果。

1982 年，美国康奈尔大学的波斯纳等人发表了题为《科学概念的顺应：关于概念转变理论》的文章，基于科学哲学和发展心理学提出了科学概念学习的一种模型——概念转变模型（conceptual change model）。他们类比库恩对常规科学研究及科学革命的描述和皮亚杰关于学习的“同化”及“顺应”机制，认为常规科学类似于同化过程，意味着个体获得知识的过程中没有改变潜在的概念框架（conceptual framework），这种“概念框架”是从库恩描述科学研究的“范式”一词引申过来的。如果学生形成了新的概念框架，这种学习过程类似于顺应。科学概念与日常概念对学生来说是不同的概念框架，所以波斯纳等人指出科学学习应当是从日常概念到科学概念的一种概念转变的过程。这一理论提出后立即引起国际研究者的重视，并指导科学教育研究产生了大量成果，成为科学教育研究的一种范式，也被称为是经典概念转变理论。

经典概念转变理论是从认识论的角度阐述了学生科学概念学习的过程，所谓的“认识论”指的是学生对科学概念及其学习过程的认识。在概念转变过程中学生需要知道学习科学概念是转变自己头脑中的日常概念，并且指出概念转变的四个条件：对原有概念的不满意；新概念的可理解性；新概念的合理性；新概念的有效性。这四个条件描述的是学生对新概念特征的认识状态，每个条件总是以它前一个条件为前提。波斯纳等人指出只有当学生认识到科学概念的有效性，学生的错误概念才会被科学概念所取代。学生的认识处在之前任意阶段都不可能实现概念转变。一些研究者容易从本体论的角度将可理解性、合理性和有效性看作是新概念的特征，这其实是对经典概念转变理论的一种误解。

1992 年波斯纳等人对概念转变理论稍做修正，一是将“对原有概念的不满意”看作是受学生的动机及情感因素影响的，决定了学生是否想要转变原有概念或者能否接受新的概念；二是把调节学生对新概念可理解性、合理性和有效性认识的个体经验背景统称为“概念生态圈”，包括“反例”“类比和比喻”“经验”“认识论信念”“形而上学的信念”等。学生发生概念转变的过程中，概念生态圈的各个要素都会影响学生作出决定。反例的存在诱发了学生对原有概念的不满，在经验基础上的类比和比喻提供了新的观念使新概念变得可理解，认识论信念用于判断新概念的合理性，形而上学的信念是对整个科学的认识，决定了学生何时接受或者抛弃新概念。

继经典概念转变理论之后，美国威斯康星大学的休森（Hewson）沿着认识论角度继续深入研究，他将概念的可理解性、合理性和有效性称为“概念的状态（conceptual status）”，指出这三个状态不仅表示新概念的状态，也可以表示旧概念的状态，概念转变的过程是新旧概念的状态不断比较和竞争的过程。

经典概念转变理论之后还有其他两条路线，一是美国纽约大学的凯瑞（Carey）、伊利诺伊大学的沃斯尼亚杜（Vosniadou）和亚利桑那州立大学的齐（Chi）等研究者从科学概念本体出发研究概念转变，被称为是本体论视角。从本体论角度首先进行研究的是凯瑞，她认为学生的概念转变过程是一种“强的知识重构”，后来沃斯尼亚杜根据这种重大的知识重构提出了科学概念的“框架理论

（framework theories）”，用复杂的知识系统来界定学生的概念，包括本体论和认识论两个方面，之后齐从本体论的视角提出了系统的概念转变理论。二是美国密歇根大学的宾特里奇（Pintrich）从情感因素出发，针对概念转变过程中学生的动机展开了系统的研究，他认为对旧概念的不满意实质上是一种情感的特征，不是学生的认知特征。

20世纪80、90年代涌现出大量关于学生错误概念和概念转变的研究，形成了认识论、本体论、社会、情感等多种视角的基于概念转变理论的研究范式，研究者就错误概念和概念转变的研究结果达成了一定的共识。到20世纪90年代末概念转变理论受到建构主义思潮的影响，“概念转变”逐渐变成了从建构主义的视角描述知识建构的代名词。虽然很多研究者仍然使用“概念转变”术语，但内涵却倾向于建立知识联系，与经典概念转变理论的内涵相差甚远，甚至模糊了该转变和知识积累之间的关系。

在过去三十多年里，基于概念转变理论的科学教育研究成为一种范式，涌现出大量有关学生错误概念和概念转变的研究成果。但是当前概念转变理论不断受到质疑，主要是在实践中开展的大量研究显示很多错误概念无法实现概念转变，经过科学教学之后学生原有概念与科学概念是并存的。

（二）科学概念的工具说

科学概念的结构包含“模式识别”的程序性知识，在加涅看来这属于智慧技能，指的是“使个体通过符号或观念的使用同自身的环境发生相互作用”，因此科学概念被很多研究者认为是认识事物或参与科学研究的工具。这种工具体现在概念形成还是概念应用中，研究者之间存在着一定的分歧，主要有三个层次。

第一个层次将科学概念不仅看作是学生头脑中的实体，还是与外界环境作用的工具。认为科学概念在学生头脑中形成后才能够成为标准属性作为认识其他事物的工具，持有这种观点的代表人物是杜威。杜威从学生的思维活动出发，指出当我们对一件事物未理解之前，必然会感觉到疑难而欲求探知，此时我们就会提出问题，并且通过推理形成一定的观念（ideas），帮助我们对事实作出一定的判断。观念经过证实以后变成可靠的工具，可以用来理解别的事物，杜威称这种确定了的观念便为概念（conception），也可以称为是具有了标准化的观念。概念具有四个特征：一是凡是能称为概念的都可以作为标准化的意义来判断别的事物，概念代表的是事物的类或属；二是概念具有迁移性，使我们对一个事物的理解，迁移到对其他事物的理解上；三是概念代表事物的类或属，可以用符号来表示，在某些程度上节省了我们的思维；四是概念能够帮助我们认识未知，概念的使用具有系统化的趋势，在科学的概念里，这种趋势更加明显。概念成熟的标志是能够用定义的方式将概念的标准属性之间的关系描述出来。很多研究者比较赞同这种观点，但是在实际研究中，研究者就会误认为把概念作为一种实体灌输给学生，学生就能用概念作为思维的工具，往往将概念的形成和概念的应用看作是具有时间先后的两个阶段，实际上概念的实体和工具特征是分不开的，概念形成的过程实际上也是概念应用的过程。

第二个层次认为科学概念不是学生头脑中的实体，纯粹是学生的思维活动。主要代表人物是英国剑桥大学的泰伯（Taber），他认为学生头脑中的科学概念是一种特殊情境下进行问题解决的工具。科学概念在解决问题过程中通过思维活动产生，同时又帮助人们解决问题。一旦思维停止了，科学概念也就不存在于学生头脑中了。这些研究者认为当被认为是科学概念时，实际上是一个概念化（conceptualization）的过程，也就是说科学概念应用的过程即科学概念形成的过程。

第三个层次认为科学概念这种工具不存在于学生头脑中，而是存在于个体之间的对话中。持有这种观点的主要代表人物是维果茨基，这种观点影响了当前科学教育中从社会文化视角研究学生概念的一些研究者。维果茨基认为一个符号代表的概念在不同的情境下或者文化背景中具有多重属性，当个体之间对话时，如果相互领会了各自的意思，那么概念在个体之间得以实现，如果双方没有领会意义，概念就不存在。个体之间是通过什么进行对话的呢？维果茨基指出是“语言”，语言在学生的思维和外界事物中发挥着桥梁的作用，科学概念作为一种定义性概念，是通过语言对概念属性之间的关系进行表述的。语言和思维之间存在着紧密的关系，语言是一种社会产物，借助语言领会概念或者实现概念都是通过社会交往进行的。

然而上述三种层次只是强调了科学概念与思维之间的关系，但是在科学概念中这种思维具体是什么形式的，这些研究并没有给出确定的答案，随着脑科学研究的发展及得出的一些研究成果，这一答案逐渐浮出水面。

脑科学证实了大脑的额叶（frontal lobes）是科学概念学习的生理基础，额叶成熟的标志是个体能够应用如皮亚杰所描述的“假说—演绎推理”的方式进行概念学习。这种推理方式一般在4～7岁发展起来，这一事实也通过成年人的额叶损坏无法获得科学概念而证实。研究者创建了7个概念获得（concept acquisition）任务，主要考查5～14岁的学生能否获得概念。结果发现，5～6岁的学生没有一个获得科学概念，7岁的学生有一半获得了科学概念，8岁及更大年龄的学生都成功地获得了科学概念。额叶的成熟解释了为何儿童在7岁才能够进入到学校接受系统的学习。之后研究者又对13～16岁的学生学习科学概念的大脑基础进行了研究，认为学生科学概念的获得包括阻碍由直觉产生的错误概念和对抽象的科学概念通过演绎推理进行表征两个方面。其中“假说—演绎推理”的能力与科学概念的学习及建构具有显著的关联。

“假说—演绎推理”是逻辑思维的基本形式之一。此种推理思维的特点是：先对所面对的问题情境提出一系列的假设，然后根据假设进行验证，从而得到答案。皮亚杰曾以摆动吊锤做实验，要求受试者解答在吊绳长短、质量和推动力量三种变化中，哪个是影响锤摆速度的因素。结果发现，只有认知发展到形式运算阶段的青少年，才会按照类似以下假设演绎推理方式寻求答案：先假设影响摆速的因素为锤重，然后保持另两个因素不变而只变化锤的质量以验证之。如此进行检验，最终可得到正确答案。

很多研究者认为科学概念的学习是通过归纳不同事物的本质属性得来的，与脑科学得到的观点似乎是冲突的，但是当前心理学上的很多研究通过研究不同的归纳推理形式，发现归纳推理不是依据事物间的相似性而实现的，而是依据已经存在的概念所进行的假说及演绎推理而实现的，这种依据概念驱动而实现的归纳推理活动被称为是“基于概念的归纳理论”。

由此总结，科学概念作为思维工具与学生的“假说—演绎推理”是紧密联系的，科学概念的形成和应用不是分离的两个过程，而是借助演绎推理融合在一起的。科学概念的使用具有系统化的趋势，概念成熟的标志是能够用定义的方式将标准属性之间的关系描述出来。

研究者认为“概念是有层次的”，指出各种概念都是以一种相当复杂的方式联系在一起的，这种层次是以概念的抽象程度来体现的。“氧气”概念在学生头脑中真正被理解应当是与原子和分子等概念建立起联系，从而获得有关氧气的一系列本质特征——氧气是由氧分子构成的，氧分子由两个氧原子构成，氧原子核内有8个质子、核外有8个电子等才得以实现。从心理学对概念划分的类别来看，化学课程中出现的所有概念都应当被认为是科学概念。正如维果茨基指出日常概念是随意的，不具有认识性，而科学概念有别于日常概念的本质特征是系统性，从系统中认识科学概念才能够获得对概念的理解。

第二节　科学概念学习的本质

对于科学概念学习的认识，研究者指出主要有以下几种：科学概念的学习是记忆教科书中的概念定义；科学概念的学习是获得和积累科学知识的过程；科学概念的学习意味着如何在新情境中应用知识的技能；科学概念的学习是顺利地解决问题；科学概念的学习意味着在概念之间建立起联系并形成类似于科学理论的概念结构；科学概念的学习意味着获得对自然现象的一种新的解释方式。

将不同研究者对科学概念学习的实质归纳为三类：建立知识联系、获得概念意义以及建构模型。

一、建立知识联系

持有这种观点的研究者认为科学概念的学习包括概念的获得和概念的迁移，概念的获得主要是建立知识之间的联系，这种联系分为新旧知识的联系和已有知识间的重新组织。最终的学习结果具有不同的层次，可以是形成知识网路；可以是形成专家的知识结构；也可以是建立宏观、微观和符号表征之间的联系。

（一）知识的表征

奥苏贝尔区分了三种基本的学习类型，分别是表征学习、概念学习和命题学习。其中表征学习是最基本的类型，其他学习都是以这种学习为基础的。表征的实质是在符号与其指代物之间建立起联系，也就是说知道符号在意义上代表什么。奥苏贝尔所说的“符号”主要是指以语言或文字形式的术语，是科学家约定俗成的或者共同使用的符号。例如，提到“钠”，科学家都会知道这个符号表示的具体指代物。而对于从未学习过化学的学生来说，“钠”这个符号具有什么样的意义，或者它代表什么东西，他们最初是完全不了解的。

从心理学研究的结果来看，表征学习发生在记忆过程中，并能够以不同的方式存储在学生长时记忆中。心理学家将学生的记忆过程分为两种类型，一类是语义记忆（semantic memory），另一类是情节记忆（episodic memory）。两种记忆方式导致了不同学生头脑中对科学概念不同的表征形式。心理学上对表征的研究指出学生在科学概念学习中对知识的表征方式主要有命题（propositions）、表象（image）和模型（models）三种类型。

对于化学学科来说，构成物质的微观粒子无法直接观察到，当教师采用讲授的方式给出原子或分子的定义，如“分子是构成物质的一种微粒”，学生主要采用语义记忆的方式，在头脑中形成的是命题式的表征。根据心理学中对命题的表示方式，学生形成的表征如图 2-1 所示。

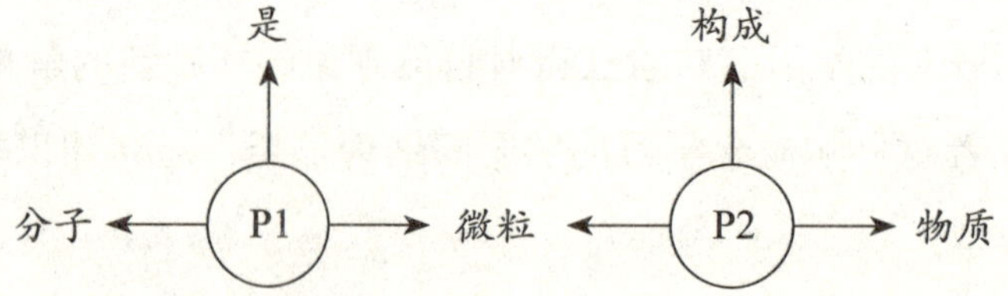

注：P指的是命题，如P1命题为“分子是一种微粒”。

图 2-1 “分子”概念的命题

研究发现当以命题表征学习科学概念时，学生往往只记住了科学概念的定义，概念在学生的头脑中仅仅是一种陈述性知识的表征方式。虽然能够陈述和再现这些知识，但是很难在其他情境中应用解决问题。

然而，当教师给学生提供情景、图片、材料等，能够引发学生以情节记忆形成对科学概念的表象。例如，研究者给学生呈现分子运动的图片（如图 2-2 所示），让学生形成表象加深对波义耳定律的理解，结果显示给学生呈现图片比讲授更能促进学生对科学概念的理解。以微观图片的形式给学生讲授科学概念，被当前一些研究者认为是一种有效的促进学生理解科学概念的策略。

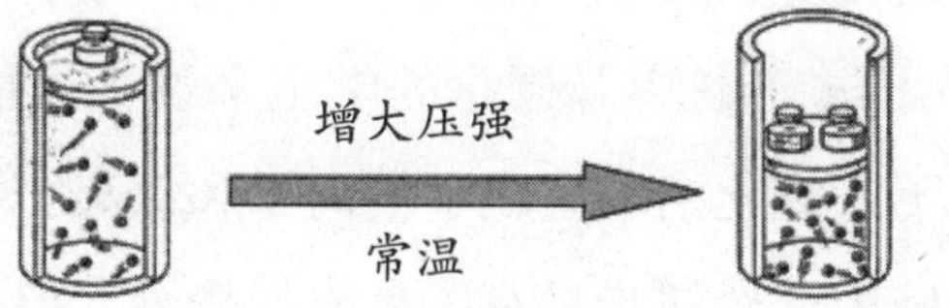

图 2-2　“波义耳定律”的表象

（二）经验与知识的联系

表征方式会影响学生对科学概念理解的程度，但是科学概念的学习不仅仅是一种表征学习。当前很多教师将概念误认为是一些术语或者定义，如将“化学反应”“化合物”“分子”等这类名称当作概念。奥苏贝尔指出这些名称或术语所代表的那些东西才是概念本身，那些东西是以概念的本质属性存储在学生头脑中的，用杜威的观点来看，概念的本质属性实际上是学生头脑中的一些观念。

表征学习是将概念术语和概念属性建立起联系的过程，是概念学习的基础，然而奥苏贝尔指出领会概念本身是一种与表征学习很不同的学习类型。概念学习的本质是要掌握概念的标准属性，掌握概念本身之后再用符号表示与它在意义上等价的概念。当术语或符号开始代表概念或者一般观念时，它们就变成了概念名称，在意义上等同于更加抽象的、概括化的认知内容。用符号表示的概念更易于交流、运用、理解和迁移。这样来看，概念不等同于概念名称或定义，而概念的学习也不简简单单地是概念名称的表征学习。

概念学习的本质是了解概念本身的意义，奥苏贝尔认为只有知道了概念的标准属性是什么，才能知道概念本身。如果不能将概念的标准属性与学生认知结构中适当的观念建立起联系，那么对于概念的定义及其名称的学习都将是机械的，没有意义的。当前在课堂教学中教师多是直接为学生呈现概念的名称和定义，缺少将概念属性和学生已有知识经验建立起联系的关注，造成了学生在理解科学概念上的困难，以至于学生不能够将这些概念迁移到更广泛的情境中去。

根据学生认知结构中起固定作用的观念来看，概念学习是分水平的。学生认知结构中起固定作用的观念是随着所学概念的抽象性和复杂性而改变的。学生可以在不同的认知水平上理解某个科学概念，由于学生的已有知识水平不同，在理解概念时存在差异，概念理解的水平主要表现为学生认知结构中已有观念与概念属性之间建立起联系的程度不同。

例如，对刚刚学习过“溶液”概念的学生来说，他们知道食盐颗粒加入水中，在水分子的作用下，氯化钠解离成了钠离子和氯离子，扩散到水中，形成了氯化钠溶液。学生头脑中已经初步具有了电离的概念，但是并没有与概念名称之间建立起表征关系，而他们也无法建构起包括电解质全部标准属性的概念。因为此时他们认知结构中并没有更多的概念（如化合物）与电解质概念属性建立起非任意的和实质性的联系。然而，对于学过离子化合物的学生来说，他们会根据离子构成的化合物在溶液中能电离产生自由的离子，将离子化合物与电解质之间建立起联系。学生认知结构中的已有观念能够与科学概念标准属性建立起不同的联系，这体现了学生科学概念理解的不同水平。

虽然不同的学习者使用相同的概念名称，但是并不意味着他们对概念的理解是一致的，因为他们在获得概念时，由于个人的经验和与概念相联系的认知结构不同，造成对概念理解的差异。

二、获得概念意义

按照广义知识的分类，知识可以分为陈述性知识、程序性知识和条件性知识。建立知识的联系指的主要是陈述性知识及其表征学习，而科学概念的学习不仅仅是表征学习，还应当包括意义建构的过程，通过概念的迁移和应用可以获得科学概念的意义，进一步理解科学概念。

（一）概念的意义

科学概念的学习被认为是意义建构的过程或者有意义的学习过程。对于“意义”指的是什么，教育心理学家给出了不同的描述。奥苏贝尔在他的有意义学习（meaningful learning）理论中暗示了“意义”是建立新旧知识之间的联系；梅耶（Mayer）在意义学习模式中指出“意义”是促进保持和迁移，能够将知识应用于新的情境中；维果茨基指出“意义”存在于学生的交流和对话之间，通过理解对方所说的内容，意义就产生了。这显示了研究者从学生认知的角度和社会交往的角度描绘了“意义”的内涵。

意义不是记忆定义或建立字面上的联系，也不是单纯保持知识而无法迁移和应用知识。美国哲学家、实用主义的代表人物皮尔士（Peirce）详细阐释了“意义”的含义，指出“意义”并不表现为语义的内涵结构，也不表现为对外在经验事实的反映，而是具体化为事实能够不断地被理解的过程。理解和意义代表了具有时间间隔性的两种概念状态，理解指的是科学概念的获得，而意义则是指科学概念的迁移。

自然科学所需要的逻辑是实体逻辑，它所讨论的对象是具体的事物（object）和事件（event），而科学概念是通过文字符号并以形式逻辑的方式表达的。科学概念有意义的过程就是要将科学概念与要研究和解决的事物和事件结合起来的过程。从学生认知的角度来看，概念的意义应当表现为能够识别概念的例子以及通过概念相应的经验事实产生理解。学生能够从一类事物中抽象出科学概念的本质属性并不代表他们理解了科学概念，能够在新情境中识别科学概念以及建立概念之间的联系才算作是科学概念的有意义学习。例如，电解质概念的意义不仅表现为学生能够在一定的情境中准确识别哪些物质属于电解质，还能够根据对电解质的理解解释溶液导电的原因。

“意义”在外文（指英语语言的形式）文献中研究者通常使用两个词来表达，一个是“sense”，另一个是“meaning”。这两个词的使用反映了研究者对“观念”和“概念”的理解。维果茨基认为一个单词或者词语的“意义（sense）”是在我们的意识中所有心理事实的积累最终以单词的形式出现。这种意义是根据情境、个人经验而改变的东西，一般是指人的观念（idea）。维果茨基同样认为所有的概念都是概括化的，具有稳定的和可重复的“意义（meaning）”，为个体之间的相互交流提供了可能。他指出一个特殊的单词，对于儿童来说并不是概括的，仅仅是一系列不稳定的意义（sense），但是随着儿童的成长，他们会面对一系列的情境，会逐渐概括出稳定的意义（meaning）。维果茨基所指的意义（meaning）的建构便是指概念（conception）的形成。

（二）概念与观念

意义体现在观念和概念两种形式中，杜威受到皮尔士哲学思想的影响，从学生的思维活动出发对“概念”与“观念”作出阐释。他指出观念是判断事实的工具，是在已有知识经验的基础上经由推理得来的。当我们对一件事物未理解之前，必然会感到疑难而欲求探知，此时我们就会提出问题，并且通过推理形成一定的观念帮助我们对事实作出一定的判断。例如，当烧开水后，揭开锅盖，看到有大量水滴时，你想解释水壶的水是如何跑到壶盖上来的。通过观察，发现水烧开后有蒸汽冒出（事实），于是想是不是这些冒出的蒸汽在壶盖上形成了水滴了呢（观念）？然后再拿另一个物体放在蒸汽上方（以实验来证明观念），发现另一个物体上有水滴（事实），壶盖上的水是通过蒸汽跑到壶盖上来的（观念）。情境及要解释的问题越复杂，学生的观念也就越复杂。

观念能够让事实变得有意义，这种意义体现在观念可作为收集事实以解答问题的工具，并且引导着观察。例如，让学生形成“地球是圆的”这个观念和让学生知道“地球是圆的”这个事实是不同的。把一个地球仪给学生看，告诉他说地球就是这样的，让学生天天去背诵这个事实，这样学生依然没有获得“地球是圆的”这个观念，他最多得到了一个关于地球的表象。若要形成观念，学生需要从观察的事实中发现一些现象，如在海上的船身已不见而桅杆可见，暗示学生地球是圆的观念，作为一种可能的解释，用它来解释事实而使事实获得意义，则观念就形成了。

观念经过证据证实以后变成可靠的工具，可以用来理解别的事物，杜威称这种确定了的意义便为概念，也可以称为是具有了标准化的观念。杜威认为凡是能称为概念的都可以作为标准化的意义来判断别的事物，概念代表的是事物的类或属。概念有以下几个特征：概念是确定的意义，能够作为衡量标准。只有当事物之间的共同属性变成衡量其他事物的标准时，才能称为概念，否则也只能是观念。概念具有概括性和迁移性，使我们对一个事物的理解迁移到对其他事物的理解上。概念代表事物的类或属，可以用符号来表示，在某些程度上节省了我们的思维。例如，当我们提到氧化还原反应时，不必费力地去了解每一个反应，通过判定某个反应属于氧化还原反应，就能够知道某个反应一系列的特征及应用。概念能够帮助我们认识未知，概念的使用具有系统化的趋势，科学概念的这种趋势更加明显。概念成熟的标志是能够用定义的方式将概念的标准属性之间的关系描述出来。

观念是意义实现的重要工具，而概念是确定的意义。从有意义学习的角度来看，奥苏贝尔指出观念不同于概念，观念是概念的标准属性在具体事物上综合和分析的认识。例如，在解释“食盐在水中消失”这个现象时，有些学生认为食盐溶解在水中形成了溶液（观念），所以不见了。说明了学生能够应用“溶解”的概念来解释现象。也有的学生认为在水分子的作用下氯化钠解离成了钠离子和氯离子（观念），并且均匀地扩散到水中，形成了氯化钠溶液，此时学生是应用“电离”概念作出了解释。学生可以在不同的认知水平上理解概念，概念理解的水平主要表现为学生认知结构中的已有观念与概念属性之间建立起联系的程度不同，也就是说概念具体化、经验化的程度不同。观念随着学生头脑中已有概念的抽象性和复杂性而改变，学生认知结构中的已有观念能够与科学概念标准属性建立起不同的联系，这体现了学生对科学概念理解的不同水平。

三、建构模型

（一）知识碎片

科学概念是包含具体经验和本质属性的图式，在其他情境中具有“模式识别（pattern recognition）”的能力，这是科学概念应用和迁移的基础。图式也被研究者称为“知识碎片（knowledge-in-pieces）”。这些知识碎片被看作是独立的实体（entity），是存在于学生头脑中的东西，因为每个知识碎片上都包含了对观察到的具体现象的知识系统，所以能够针对具体的情境具有解释作用。

图式或者知识碎片被迪塞萨（Disessa）称为“现象学原始词”（phenomenological primitives，简称“p-prims”）。“p-prims”表示认知机制里的基本元素，并且提出了“假设的知识结构”。他认为这些“p-prims”正如构成物质的不同原子，可以借助不同的推理连接起来。“p-prims”的建立依赖于具体的情境和现象，现象也与相应的“p-prims”建立起来。这些“p-prims”在未连接成结构之前是以一种片段的、零碎的形式存在于学生的头脑中。迪塞萨指出元素（elements）代表了不同类型和特征的知识碎片，如观念（ideas）、类别（categories）、概念（concepts）、模型（models）和理论（theories）。

科学概念学习的过程就是不断地收集知识碎片并且将它们系统地编织成一个

较大的概念体系，一旦知识碎片连接起来，就会从复杂的知识框架下去解释事物或现象，推理方式也将会发生一定的改变。知识碎片的连接方式或者图式的内部结构是依据“假说—演绎推理”实现的，随着对科学概念理解的深入和精细化，知识碎片的连接方式或者图式的内部结构都将相应地发生改变。

（二）推理方式

模型是一种对现象（物体、体系、事件、过程）简化的表征，或者是对某一实体作出的系统解释，可以成功地预测不同情境下的现象。研究者认为科学概念学习的实质是模型建构以及推理方式的改变。将科学概念学习的本质看作推理方式的转变，实际上是将科学概念的获得和应用融合起来，科学概念的获得过程同时也是科学概念应用的过程。

模型最初产生于一个人的想法中，于是也被称为“心理模型（mental models）”。模型可以融合上述各种类型的表征，也能够以不同的表征形式表达出来，如具体实物、语言、数学公式、图画、手势等。

（三）认识论因素

科学概念学习过程中推理方式的改变受到学生头脑中关于科学概念及学习过程的一些信念等因素的影响，称为是认识论（epistemological）因素。认识论因素主要指的是学生如何认识自己学习科学概念的过程，能够监控学生自主学习科学概念，是学生以自己头脑中的观念为认识对象的一种认知活动，调节概念学习过程，是学生学习主动性的体现。

例如，如果学生认为科学概念的学习是记忆教科书中的概念定义，那么他将会采取记忆的方式背诵科学概念的定义；如果学生认为科学概念的学习是顺利地解决问题，那么他将会不断地练习加深对科学概念的理解；如果学生认为科学概念的学习是获得和积累科学知识的过程，那么他将会采用精加工的认知策略，采用思维导图或者概念图的方式不断地在知识之间建立起联系；如果学生认为科学概念的学习意味着获得对自然现象的一种新的解释方式，那么将会积极地参与科学探究并以此获得对科学概念的深入理解。

这种认识论因素也反映出学生对科学本质及科学知识认识的不同层次。认识论因素也被认作是反思性思维。佩里（Perry）根据成人的反思性思维创立了成人智力发展的模型，描述了成人个体的智力达到成熟所经历的一系列阶段。第一个阶段是二元论（dualism），认为问题只有一个正确答案，真理是绝对的，不确定是暂时的。因此知识被认作要么是正确的，要么是错误的。第二个阶段是多元论（multiplism），接受多样性和不确定性，此时学生能够辩护自己的意见。接下来是相对主义（relativism），学生能够知道知识是情境性和相对性的。前两个阶段主要依赖于认识论和智力发展，最后一个阶段是对相对主义的信念（commitment in relativism），是与道德话题和人的发展相关的。

第三节　科学概念学习的策略

对于科学概念的习得，奥苏贝尔指出必须区分两种主要形式，即概念形成和概念同化。概念形成和概念同化的根本区别是概念的标准属性是否通过定义的形式直接呈现给学生。

根据皮亚杰的认识发展理论，奥苏贝尔认为从初中开始学生进入抽象逻辑运算阶段，学习者能够把呈现的标准属性直接同他们的认知结构联系起来而不需要具体经验的支撑。因此，奥苏贝尔指出随着年龄的增长，只有很少的新概念是借助于概念形成的过程来学习的，概念习得的主要方式是概念同化；事实上，奥苏贝尔将科学概念的学习划分为两种方式依赖的是学生的认知水平，这一点被实践证明是不合适的。因为实践研究证实了达到形式运算水平的中学生在科学概念学习过程中的两种学习方式是共存的，这两种方式对学生科学概念学习产生的作用是不同的。

概念包括名称、定义、例子和属性四个方面，属性代表的是概念本身，概念的定义中通常包含了概念的名称。有研究者认为概念的习得有概念形成和概念同化两种形式，将概念学习的方式划分为两种：“规则—例子—规则”和“例子—规则—例子”。

“规则—例子—规则”是学生先学习概念的定义，然后识别概念的例子，接着分析例子是如何代表定义的。在学校所教的科学概念通常采用这种方式。例如，对于电解质概念，学生首先学习定义“电解质是在水溶液中或熔融状态下能够导电的化合物”，然后分析这个定义的主要特征“电解质是化合物，电解质在水溶液中能导电，满足水溶液或熔融状态一个条件下的导电就是电解质等”，再在此基础上举出正例和反例。这种方法存在一定的局限性，它更多地关注了概念的定义特征，而忽视了学生已有的经验和例子，对概念的加工应用不够。概念同化的心理机制显示了学生是按照“定义—例子—属性”的方式学习概念的，在当前我国的课堂教学是普遍存在的，这形成了学生“记忆定义”的科学学习方式。

“例子—规则—例子”是先从例子开始的，学生根据概念的特征猜测概念具有哪些特征，通过不断地从例子中寻找证据，不断地修正推导出适合的概念，学生对概念的特征把握得越来越精确，最后自己建构出新的概念。这种方法能够帮助学生建构对概念的理解，发展学生的思维技能。概念形成的心理机制显示了学生按照“例子—属性—定义”的方式学习概念，这是科学探究所倡导的概念学习方式。

一、记忆定义

记忆定义的科学概念学习方式中，学生按照“定义—例子—属性”的顺序学习概念，是通过概念同化的心理机制学习科学概念的。学生先学习概念的定义，然后识别概念的例子，接着分析例子是如何代表定义的。

（一）记忆定义是语义记忆

从心理学的研究结果来看，采用记忆定义的方式学习科学概念是通过语义编码进行语义记忆的过程。学习过程中涉及的脑机制是听觉系统，主要处理以语言为载体的符号系统，包括文字（字、词、句子）和声音信息。

语言和文字这两种形式，实际上都是语音编码通过耳朵进入到听觉系统中。虽然我们看到科学概念的名称或者定义是以文字的形式记载在教科书上的，但是当对这些概念进行加工的时候，我们通常会将概念的名称或者定义默读出来，继而进入到听觉系统中去。例如，“电解质是在水溶液中或熔融状态下能够导电的化合物”，当看到这一定义时，你在心中是否对这个句子进行了默读?

记忆定义被一些心理学家认为是词与词之间的联想学习理论。通过命题表征的方式建立新旧知识之间的联系，实际上就是学生头脑中的词语与新概念的词语建立起联系的过程。

维果茨基指出以往的心理学（主要是行为主义心理学）采用了联想概念理论，将概念的名称和概念的例子建立起联系，实际上是词的有声形式和物体之间的联想。例如，当教师说“电解质”时，学生头脑中就会呈现出“硫酸”“氯化钠”等物质。维果茨基指出这种联系只是将词语和具体物质建立起联系，是一种具体思维，概念的名称本身是没有变化或者发展可言的。维果茨基明确指出词的联想学习不是概念学习，概念名称可以使学生从任意的内容和方面对这个词产生联系，但是这些联系可能并没有逻辑性，也没有显现出科学概念的本质属性，所以不能称为是获得科学概念。

虽然维果茨基等心理学家认为采用记忆定义的方式很难获得科学概念，但是美国亚利桑那州立大学教育心理学院的安德森（Anderson）根据实验证实了记忆定义的方式在一定程度上也可以获得概念。他设计了一个实验：选择了16个生僻的单词作为考查的概念，并且提供了概念的定义。实验组学生要求根据对概念的理解编写一个有意义的句子，这一过程看作是语义编码的过程；而控制组学生要求对定义进行一遍一遍地背诵，这是一种机械记忆，不会产生语义编码。最后通过给学生提供概念的不同例子，让学生进行识别，来判断学生是否掌握了概念。研究结果显示实验组学生明显比控制组学生在选择概念的例子中表现得好。

由此安德森指出从定义学习概念，只有当对定义进行语义编码的时候能够在一定程度上获得概念，如果只是通过背诵并记住了定义，学生是很难获得概念的。采用记忆定义的方式学习科学概念始终不可能完全获得科学概念，这样容易让学生掌握一些空洞的词语，多数情况下学生掌握的不是概念，而是词语的含义，是靠记忆取得的，而不是通过思考来掌握的。

（二）定义需要逻辑推理

定义反映了科学概念在概念体系中的位置。从逻辑学的角度来看，科学概念的定义是由一些实词（如名词、动词）和连接词构成的，其中实词代表逻辑变量，而连接词代表逻辑运算符 。例如，“电解质是在水溶液中或熔融状态下能够导电的化合物”，其中“水溶液”“熔融”“导电”“化合物”都是逻辑变量，“是”“或”属于逻辑运算符（常用的逻辑运算符有“非”“与”“或”“包含”“等于”）。

根据英国著名的逻辑学家罗素（Russell）的阐释，科学概念的定义可以变化，可以消失，但是科学概念永远保持着自身的同一性。定义只是表达科学概念存在的一种方式，并不是概念本身。例如，“电解质”这一科学概念除了上述定义外，还可以定义为“电解质是能够发生电离的化合物”。罗素指出不仅概念的定义可以变化，甚至概念的名称都是不必要的。他是这样阐释的：凡未知其结构的事物都需要一个名称，而发现了其结构则不需要名称，因为人们可以用其组成部分或者表示组成部分的关系的词来给它下定义。倘若我们的知识达到了无所不包的境地，那就不需要任何的名称。

采用记忆定义的方式学习科学概念是通过逻辑运算符对逻辑变量进行操作的形式逻辑。从逻辑学的角度来看，这一推理过程被研究者用不同的术语表示，如“逻辑推理（logical reasoning）”“形式推理（formal reasoning）”“命题推理（propositional reasoning）”。这类推理的特征是不必一定以现实的或具体的现象为依据，只凭一个假设或者一个命题即可进行推理。

根据皮亚杰的认知发展理论，只有处于形式运算的学生才能够进行这类推理。奥苏贝尔指出，概念的本质属性通过定义的方式直接呈现给学生，通过概念同化的方式，学生积极主动地将新概念的标准属性与他们认知结构中有关的原有观念联系起来，这样新概念和原有概念之间相互作用的结果就产生了有意义的学习。根据罗素的观点，新概念通过学生头脑中已有观念和新概念的逻辑之间建立起联系，就会以不同的定义再表达出来。

布鲁纳等人提出的“假设—检验理论”，指出在概念形成的过程中，学生并不是被动地、消极地等待各种刺激的出现以形成联想，而是积极地、主动地去探究这一概念，通过一系列的“假设—检验”来发现这一概念。实际上，这种语义编码的过程涉及学生的“假说—演绎推理”的过程，是一种精细加工的思维过程。

当前我国教学普遍存在的讲授式教学就是通过这种方式让学生学习科学概念的。仅仅记忆定义学习科学概念，只能够在一定程度上获得科学概念，并不能深入促进科学概念的理解和发展。在教学的过程中容易让学生机械记忆定义，或者在概念的名称与概念的例子间建立简单的词语联想，忽视了通过思维过程对概念本身的把握。

二、科学探究

科学探究是美国在 20 世纪 90 年代确定的科学教育的核心理念，显示了研究者将科学教育从记忆科学事实转向理解科学概念作出的努力。

1996 年，美国国家研究理事会发布的《国家科学教育标准》(*National Science Education Standards*) 中指出：为了促进学生科学素养的全面提高，其中一项重要的目标是帮助教师在教学中通过科学探究的方式促进学生理解科学概念。将"科学探究"定义为"科学家们用以研究自然界并基于此种研究获得的证据而提出种种解释的多种不同途径"。同时说明"科学探究"也指的是学生们用以获得知识、领悟科学的思想观念、领悟科学家们研究自然界所用的方法而进行的各种活动。

2000 年，美国国家研究理事会又发布了《科学探究与国家科学教育标准——教与学的指南》，对"科学探究"作出进一步描述，指出"科学探究"具有两方面的体现：其一，它表示学生需要发展的设计和实施科学实验研究的能力以及应获得的对于科学探究本质的理解；其二，它表示一种能使学生通过调查研究掌握科学概念的教与学的策略。由此来看，科学探究不仅是学生概念学习的方式，也是促进学生掌握科学概念的教学策略和学习策略。

（一）科学探究是情节记忆

采用科学探究的方式学习概念，概念的例子是作为案例材料呈现的，学生通过"假说－演绎推理"方式从长时记忆中对概念的本质属性提出一定的假说，然后通过概念的例子所具有的特征作为证据，对概念的本质属性作出一定的检验及解释。在探究的过程中，学生主要依靠的是情节记忆的方式，通过视觉加工系统对概念的例子所具有的特征进行组织，然后结合已有概念的推理对新概念的本质属性提出假说，视觉加工是以“假说—演绎推理”为编码形式的系统。

从心理学中有关记忆的研究看，本质上是一种与从定义中学习科学概念不同的思维方式。从哲学的视角来看，马克思也指出过：眼睛对对象的感受与耳朵不同。根据奥苏贝尔对概念学习方式的划分，在探究中学习概念主要侧重于概念的形成，概念形成的过程实质上是抽象出某一类对象或事件的共同标准属性的过程。这个抽象的过程不是归纳推理的方式，而是“假说—演绎推理”的方式，这与布鲁纳发现学习的基本观点是一致的。奥苏贝尔描绘了概念形成的心理过程，大致按照如下顺序出现：

- 对各种不同的具体例子或事实进行辨别性的分析；
- 提出关于已经抽象出来的共同成分（标准属性）的假设；
- 在特定的情境中检验这些假设；
- 从共同成分中确定标准属性，使更多的例子能够归属于该标准属性的范畴；
- 把标准属性同认知结构中起固定作用的观念联系起来；
- 使新概念同相关概念进行分化；
- 把新概念的所有标准属性有效迁移；
- 在符号与概念之间建立表征关系。

概念形成的过程主要包括两大步骤，首先把概念的标准属性同含有这些属性的例子清晰地联系起来，然后这些标准属性同学生的认知结构联系起来，从而有意义地习得概念。简言之，就是概念的建立和概念的迁移。在概念形成的过程中有对同类事物、性质的辨别性分析、抽象、概括和分化等认知过程，由于学生的个人经验和认知结构都有所不同，学生对概念的理解水平也会表现出差异。奥苏贝尔指出如果学生还未达到认知完善化和相应的知识基础，在概念形成过程中就会造成对概念的误解，形成错误概念。假如只是机械地学习言语符号、概念名称或定义，由于缺乏上述步骤，就没有和学生的已有知识之间建立起联系。

促进学生科学概念学习的探究环境及活动的创设也引起了研究者的重视，目前开展得比较成熟的是“过程导向，指导探究的学习（process-oriented, guided-inquiry learning，简称 POGIL）”项目研究。指导探究（guided-inquiry）被认为是能够有效地促进学生科学概念学习的重要途径，帮助学生在探究中进行科学概念的学习。POGIL 项目主张为学生创设探究的学习环境，关注学生理解科学概念的最佳方式。这个项目目前受到很多研究者的关注，形成了指导探究下学生概念学习的模式，将学生概念学习的探究活动的实施分为三个阶段：探索阶段（学生根据教师提供的素材案例作出假设，并建立在已有知识基础上来理解素材信息）；概念创造阶段或术语介绍阶段（当学生建立起对概念的理解时引入教材中的术语及定义）；应用阶段（要求学生在教师创造的新情境或问题中应用概念）。

科学探究不仅是学生概念学习的方式，也是促进学生掌握科学概念的教学策略和学习策略。学生需要借助科学探究学习科学概念，研究者指出以往的探究只关注了知识产生的过程，忽视了探究过程中学生对产生科学知识的那些活动的认识。在科学概念学习的过程中，条件性知识是保障科学概念学习能够顺利开展的重要因素，学生在探究的过程中要知道哪些活动能够促进科学概念的理解并且积极地参与这些活动。2004 年，美国加利福尼亚大学的桑多瓦尔（Sandoval）等人提出“解释驱动探究（explanation-driven inquiry）”，强调探究过程中进行解释的活动能够更好地帮助学生理解科学概念。有研究者对 1986 ~ 2010 年有关科学探究的 171 篇文献进行了聚类分析，发现“解释驱动探究”成为当前有关科学探究研究的五大主题之一（其他四个主题分别为科学本质、知识建构、探究能力和教师专业发展）。

第三章

解释驱动探究：科学概念的教学策略

科学探究不仅被认为是科学教育的一项目标，而且还被认为是概念学习的一种教学策略。由于研究者和教师对科学探究理解的差异，导致科学探究在教学实践中出现了不同的取向。在最近的实践研究中，发现科学探究中的“解释”活动对学生的科学学习起到积极的促进作用。研究者将重视学生“解释”取向的科学探究称为“解释驱动探究”。本章主要介绍了科学探究及科学探究中的“解释”，阐释了“解释”活动为何在科学探究中越来越受到重视，进一步明确了解释驱动探究的内涵。

第一节　科学探究及解释

一、科学探究

从美国《国家科学教育标准》及相关文件中对“科学探究”的定义来看，“科学探究”可以是科学家的研究过程、学生的学习方式、教师的教学策略及重要的课程目标，这就导致了研究者和教师对“科学探究”的理解缺乏统一的认识。教师是将科学探究理念转化为教学实践的主体，而教师对科学探究的多种理解甚至是误解，就导致了千差万别的课堂教学。在实践中开展的探究教学形成了不同的取向。

2004 年，国际科学教育研究者专门针对课堂教学中科学探究实施的效果召开了一次国际会议，发现每个国家实施科学探究的情况是不同的，并且在实践中遇到了各种问题，几乎每个国家在学校中开展的科学探究都没有达到预期的目标。针对课堂中各种形式的科学探究，此次会议总结了国际背景下科学探究实施的三种取向：

一是“内容—过程（content-process）”取向，认为学生不仅要学习科学知识，还要知道科学知识是如何形成的，重视学生在探究过程中获得并理解科学知识，在课堂中教师通常是让学生从提出问题开始，按照科学探究的基本环节一步步获得结论，往往导致了科学探究实施的机械僵化。学生通过科学探究实则获得的是一些探究技能和零散的科学知识。

二是“发现—探究（discovery-inquiry）”取向，认为科学探究是一种社会活动过程，强调在探究中通过小组合作的方式保证学生间的交流讨论，进而发现科学知识并理解科学本质，在课堂中教师往往由于分组的随意性，导致科学探究的形式化。这种取向的科学探究关注了探究的过程和技能，但忽视了科学概念在科学探究中的重要作用。

三是“证据—解释（evidence-explanation）”取向，该取向近几年逐渐受到研究者和教师的重视，他们认为科学探究是学生进行问题解决的活动，关注的是从经验调查获得证据对事物或现象进行解释的过程，不但要求学生基于已有的科学知识选择证据，还要能够参与经验调查及解释的活动，通过科学探究让学生相信科学知识在问题解决过程中是有效的。

“科学探究”的理念显示了研究者将科学教育从记忆科学事实转向理解科学概念所作出的努力。科学探究如果帮助学生建立对整个学科连贯性的理解（关键在于学生围绕少数学科核心概念参与科学探究，将探究过程中的各项实践活动紧密地与学科核心概念整合起来），就会促进学生逐步形成对整个学科的理解。

二、科学探究中的“解释”

（一）“解释”的含义

科学教育研究者对“解释”的理解主要有三种：解释作为澄清意义、解释作为阐释因果和解释作为论证观点。

第一，解释作为澄清意义。研究者采用的是布卢姆的教育目标分类学的观点。布卢姆将“解释”归为认知领域的一项目标，指出“解释”是为领会所做出的行为，主要是在人与人的交往中能理解和领会交流过程中的想法，是对材料的重新整理、重新排列或者提出新的观点。在课堂教学中，教师经常要求学生解释。例如，学到某个科学概念时，教师会让学生用自己的语言解释一下。“解释”还经常被教师用在其他情况下。例如，在解决一个问题时要求学生解释推理过程，在探究过程中要求学生解释数据或者解释结果。这些情境下学生的解释都是让科学概念的含义更加明确，问题解决过程更加清楚。有研究者指出课堂教学中学生参与的这类解释对他们学习科学概念的益处并不显著。本书中提到的“解释”并不是指这层含义。

第二，解释作为因果阐述。因果解释是一项有意义的核心实践活动。“解释”是围绕一个研究问题，学生根据他们对学科核心概念给出一定的因果关系来回答问题。学生必须运用那些学科中具有解释作用的概念才能够实现。在之前的章节中已经阐释过，构成学科基本结构的“大概念（big ideas）”具有解释作用。

所以这个层次的“解释”是要求学生将对核心概念的理解和实践活动联系起来，从而对研究问题建构一个合理的解释。本书中提到的“解释”便是这层含义。

第三，解释作为论证观点。有些研究者认为在科学教育研究中科学解释（scientific explanation）和科学论证（scientific argumentation）是一回事，认为两者都使用证据，都具有逻辑推理过程。然而更多的研究者意识到解释和论证的差异，指出解释和论证在科学教育中是不同的实践活动，认为解释和论证的区别在于解释是形成理解，而论证在于证明一种观点。在课堂中教师提问的这类问题如“你如何知道这种气体是二氧化碳？”强调学生使用证据来对观点作出辩护，观点通常是对问题的判断或者描述，而没有解释作用。但是解释的过程包含着提出不同假设的学生之间论证的过程。本书中提到的“解释”不等同于论证。

《框架》对“解释”给出了较为权威的定义，报告指出“解释是将科学理论与科学观察结果或现象相联系的描述”，强调“解释”的一种重要形式是因果关系的解释，能够识别现象背后潜在的因果关系链。“解释”不是对概念定义的说明，也不是教育学家布卢姆所描述的一类学习目标，而是把一系列需要解释的现象经过推理联系起来，还要产生一个符合证据的因果链。

《框架》指出“解释”的活动会引发对现实世界的调查研究，如观察、开展实验、进行测量等行为活动；也会伴随着教师和学生以及学生之间的交流、论证和评价等社会性的活动。于是，科学探究分为三个领域，分别是“在现实世界进行的调查研究”“根据科学理论建构解释”以及“论证和评价”。并明确指明“建构解释”是《框架》中规定的 8 项科学实践之一。

“实践（practices）”描述的是学生的活动，意思是“重复行为使其熟练、深入学习使其成为习惯、应用知识使其达成目标”，强调了学生在课堂中进行的活动是一个重复的而且随着对学科核心概念的理解而不断熟练的过程。这些科学实践保证了不同年级的学生在相应的概念理解水平上都能够参与，并且不需要以固定的方式进行。美国《新一代科学教育标准》（*Next Generation Science Standards*）中给出了不同年级的学生“建构解释”的实践活动所能达到的目标，如表 3-1 所示。

表 3-1　　建构解释的实践对不同年级学生的要求

年级	具体要求
8 年级	采用多种方法，并借助一定的科学概念、原理和理论作为支持来建构解释： • 根据自变量和因变量的关系做出一个定量的或定性的论断； • 基于多种手段（学生自己的调查、理论、模拟及同伴评论）获得有效的和可信的证据建构和修正模型； • 应用科学概念、原理和证据提供对现象的解释
5 年级	借助一定的科学概念、原理和理论形成证据建构解释： • 建构解释包括对变量定性和定量的描述，能够预测和描述现象； • 使用模型或者表征去建构解释； • 基于从资源中（包括学生自己的经验）获得的有效的和可信的证据来建构解释； • 应用科学概念、原理或证据来建构解释，修正和使用解释； • 应用科学推理来展示数据和证据对解释和结论是合适的
2 年级	使用证据建构解释，能够描述引起现象的潜在变量： • 根据观察建构一个解释； • 使用证据（如测量、观察、类型）来建构解释； • 确定能够支持观点的证据
幼儿园	看到一个自然现象，能够基于经验给出一个证据，作出初步解释： • 作出观察，建构基于证据的初步解释； • 产生和比较多种解释问题的答案

从美国《新一代科学教育标准》的要求来看，随着学生年级的升高，越来越重视科学概念与建构解释之间的联系。对于中学阶段的学生来说，期望他们能够采用多种方法并借助一定的科学概念、原理和理论作为支持来建构解释。在建构解释的实践活动中学生对学科核心概念的理解也会随之加深。

（二）解释的类型

科学教育中的“解释”有五种类型，分别为：“演绎—律则”模式（简称 D-N 模式）、“归纳—统计”模式（简称 I-S 模式）、“因果相关”模式（简称 C-R 模式）、语境研究和模型论。

1. D-N 模式

亨普尔和欧本海姆的《解释的逻辑研究》一书中，指出“科学解释”就是逻辑相关，科学解释主要有两个方面：解释项和被解释项。解释项是描述现象的语句集合，它包括两个子集，一是描述特定事实的句子，用 C1, C2, ..., Ck 表示；另一个包含解释所依赖的普遍定律，用 L1，L2，...，Lr 表示。被解释项是待解释的现象语句。

解释项中必须含有科学定律，解释项与被解释项之间必须有演绎关系。他们称满足这两个条件的解释模式为“演绎—律则”模式，简称 D−N 模式。

2. I−S 模式

亨普尔和欧本海姆指出并不是所有现象的解释都需要定律，通过归纳法获得的定律无法穷尽所有的现象，这些定律仅仅是对大量现象的统计描述。例如，温度与化学反应速率的关系、放射性元素的衰退现象，这些现象都不被普遍定律所覆盖，而是一种概率现象。

在 D−N 模式基础上，他们提出了“归纳—统计”模式（简称 I−S 模式）。这类解释需要从统计的数据中获得一定的联系，用归纳的逻辑进行解释，如“温度升高后，为什么化学反应加快了？”。

在对这个问题进行解释时，没有相应的化学定律可以应用。“温度升高化学反应速率增大”是一个具有统计形式的定律。关于温度和化学反应速率之间的关系，1889 年，阿仑尼乌斯（Arrhenius）在大量实验的基础上，提出了化学反应速率常数与温度之间关系的经验公式：

$$k = A\mathrm{e}^{-\frac{E_a}{RT}}$$

其中，k 为反应速率常数；A 为比例系数；e 为自然对数的底；E_a 为活化能；R 为摩尔气体常量。该经验公式表明，当 $E_a > 0$ 时，升高温度，反应速率常数增大，化学反应速率随之增大。根据该公式还可以知道，E_a 的值越大，改变温度对化学反应速率的影响程度越大。

不管是逻辑相关还是统计相关，解释的机制都是类似的，即阐释解释项和被解释项之间的关系。

3. C−R 模式

所罗门认为科学解释要揭示现象发生的因果机制，是对事物之间因果关系的一种说明，阐明某物在整个自然图景中的地位，因此建立“因果相关”模式（causal relevance），称为解释的 C−R 模式。他认为自然现象产生不是由于某个因素简单造成的，原因和结果之间可能存在着复杂的相关关系和中间变量。“一果多因”或“一因多果”说明了某个原因不能直接推理出结果，需要考虑相关因素或中间变量才能准确地对现象作出解释。

例如，“氢气燃烧为什么会发生爆炸？”当解释这个问题时，如果学生回答“氢气发生了化学反应”。这个解释反映了学生简单地在“化学反应”概念和“爆炸”这一现象之间建立起联系。研究者指出教师和学生往往对一个现象作出简单的归因，认为原因和结果之间是简单的线性关系。

假设遇到另一个爆炸现象，如“在炎热的夏天，放置在太阳下的自行车胎爆炸了，为什么？”学生再用化学反应去解释就会遇到困难。爆炸产生的原因可能有很多，即“一果多因”，学生在解释的过程中需要将中间的过程阐释清楚。在化学反应和爆炸现象之间学生必须能够识别出来的变量是“压强”和“温度”的变化。由于发生化学反应产生了大量的热，导致在有限的体积内气体体积迅速膨胀，压强急剧变大，导致了爆炸。

“因果相关”模式指出了对一个现象的解释不是由某个原因单独引起的，在原因和结果之间存在着潜在的其他变量，“因”和“果”之间不是绝对的和决定的关系，而是一种相关的关系。在这种解释模式中，学生需要在多个有因果关系的概念之间建立起联系，从学生的解释中涉及的科学概念及其相关关系，也可以理解学生对科学概念的理解程度。

4. 语境研究

弗拉森（Fraassen）认为亨普尔所说的科学解释为逻辑相关，这种逻辑相关是建立在语义基础上的判断，他认为科学解释必须在一定的语境中才会有意义，语境相关才是真正的科学解释，其中概念框架突显了科学解释的语境，确定了科学解释的方式与准则。

弗拉森认为在一定的语境下进行科学解释需要考虑三个方面：一是具有需要解决或回答的问题，这类问题主要是“为什么”一类的问题；二是科学解释是对问题的回答；三是需要在对问题的回答中作出合理的选择。弗拉森认为“为什么”的问题及回答都需要由语境确定，语境相关关系决定了提出的问题和回答的内容，也就是“为什么”的问题问的什么，需要回答什么必须在一定的语境中才能够体现。

例如，“为什么食盐溶解在水中？”在不同的语境中解释者对所问的问题表述是不一样的，如学生可以从以下几个视角来提出问题：“为什么食盐溶解在水中，而不是酒精、苯等溶剂中？”“为什么食盐溶解在水中，而不是形成沉淀？”“为什么是食盐溶解在水中，而不是大理石溶解在水中？”

然而对于为什么的问题在一个具体的语境中，无论是提问者还是解释者，都一般能够知道这个疑问句在语境中表达的是哪一个问题。对于科学解释的语境研究，弗拉森指出语境还受到解释者已有的背景性知识的影响，但是这种背景性知识是如何帮助个体在语境中进行解释以及解释的过程及机制都没有给出详细的说明。在此基础上，阿钦斯坦（Achinstein）提出一个完整的解释需要包括三个方面：

（1）科学解释要有解释的行为发生；

（2）解释的行为产生一个结果；

（3）科学解释涉及对解释的评价。

从阿钦斯坦的观点看，科学解释的行为是在证据的基础上进行推理的过程，而产生的结果是指得出的一个确定的观点，解释的过程还需要对解释作出一定的评价。这种解释体现了学生交流和评价解释时能够重视到解释的对象和语境，作出合理的评价。

5. 模型论

汉斯（Hesse）和卡特怀特（Cartwright）等人认为科学解释不是用规律推出现象，而是从根本上必须构造一个科学模型，于是提出了模型论研究。上述因果相关的解释只是表明了原因和结果之间不是简单的直线关系，中间还存在潜在变量，可以通过建立数学关系在这些变量之间建立起联系。建构解释包括对变量定性和定量的描述，能够预测和描述现象。科学家对气体运动的变量用理想气体定律来表示：

$$pV = nRT$$

其中：p 为压强；V 为体积；n 是物质的量；R 为比例常数，对任意的理想气体是个定值；T 为温度。通过建构方程将各种变量联系起来，进而解释理想气体，乃至在此基础上解释非理想气体的一系列现象。然而这一理想气体定律只是表达了变量之间的关系，并没有对现象作出系统的解释，若要对现象作出系统的解释，需要形成相应的理论，对应理想气体定律的相应理论是当代的原子—分子理论。

通过模型理论，可以在相关理论的指导下通过讲述故事或叙述的方式进行解释，能够表现出较为系统的解释。根据原子—分子理论，学生可以解释气体爆炸现象，同样在回答“食盐为什么在水中溶解了？”这个问题时需要结合“酸碱电离理论”进行解释：

“氯化钠是由钠离子和氯离子构成的离子晶体，当少量食盐放入水中时，在水分子的作用下，氯化钠发生电离，变成水合钠离子和水合氯离子，此时观察到食盐溶解了，当不断加入氯化钠就会形成饱和溶液，继续加氯化钠，此时生成氯化钠晶体的速率和氯化钠溶解的速率相等，达到溶解平衡，将会观察到过剩的食盐。”

在解释过程中使用到了“离子晶体”“电离”“离子”“饱和溶液”“溶解平衡”等多个科学概念，通过科学概念对这个现象作出了系统的解释。这一解释类型凸显了科学概念作为构成科学理论的基石和进行科学解释时的重要手段。在这种解释中学生必须创造一种科学概念，在创造的科学概念中包含着概念体系之间的逻辑关系。

第二节　解释驱动探究

一、解释驱动探究的含义及特征

“解释驱动探究”是美国加利福尼亚大学桑多瓦尔（Sandoval）等人提出的一种支持科学探究的认识框架。他们指出，在以往的科学探究中，教师和学生过于重视科学探究的过程和技能，忽视了对科学探究中各种活动的认识。也就是说，当学生开展科学探究时，他们并不知道自己正在做的活动是为了什么。于是桑多瓦尔等人给学生提供了开展科学探究的一个认识框架，这个认识框架就是让学生围绕科学问题进行解释，这样学生在解释的驱动下，对自己开展的探究活动产生了认识，能够帮助学生更好地开展科学探究。

解释驱动探究有以下四个基本特征：

第一，探究的目的是解释问题或现象。从科学家的视角来看，科学是一项解释的活动，解释的结果最终是形成科学理论。学生在回答科学问题时也要进行建构解释的活动，基于已有知识经验对问题背后潜在的因果关系给出合理的说明。

第二，解释要与具体问题相联系。科学探究始于问题，不同类型的问题决定了不同形式的科学探究。首先，“是什么”类型的问题要求通过科学探究找到引起某个现象发生的重要变量，如“是什么因素导致蔗糖溶解加快了”；其次，“如何”类型的问题要求通过科学探究描述相关变量之间的关系，如“如何灭火”需要学生在燃烧的条件之间建立起关联；最后，“为什么”类型的问题需要通过调查研究找出变量之间存在的因果关系，如“氯化钠溶液为什么能够导电”。解释驱动探究所对应的是“为什么”一类的具体问题。

第三，解释的依据是科学概念。科学概念学习的思维活动是“假说—演绎推理”，基于概念提出可能的假设进而通过“如果—那么”的方式演绎出可能的结果，最后通过证据证实或者证伪假设获得结论。学生根据对科学概念的理解会形成各种解释，有些解释可以暴露学生的某些错误概念，如学生解释氯化钠溶液导电给出的一种答案是“所有溶液都导电”，这与“非电解质溶液不导电”这一事实是相违背的。学习者通过比较可能的解释对自己的解释进行评价，能够消除错误概念，从而促进对科学概念的深入理解。

第四，观点和证据要建立起因果关系。观点表现为对问题的答案提出的一种假设，证据是能够证实或证伪假设的一系列资料或数据；将证据和观点建立起因果关系需要借助“假说—演绎推理”，某种假设经过证据证实后则成为结论，证伪后则被抛弃。

二、解释驱动探究的基本要素

（一）建构基于证据的论点

研究者认为科学解释包含三个要素：论点（claim）、证据（evidence）和推理（reasoning）。解释就是通过推理构建基于证据的论点。

论点是通过观察归纳一系列事物或现象的相似性或者联系所提出的假设；证据是能够证实或证伪假说的一系列资料或数据；推理是指依据科学概念在证据和

论点之间建立联系，论点经过证据证实后则成为结论，证伪后则被抛弃，推理的过程也是得出结论的过程。例如，在电解质概念的学习中，“解释”不是去说明什么是电解质，而是让学生对一组溶液导电的现象建立起联系，将溶液中导电的物质、导电物质是如何形成的、为什么会导电等建立起因果关系。

解释驱动探究主要是在关注学生“建构解释”的认知活动，包括“想象”“推理”“计算”和“预测”等活动，在这个过程中也会伴随着其他活动。例如，为了收集证据，学生可能需要在真实世界领域开展经验调查，包括“作出观察”“开展实验”“进行测量”等活动，这偏向于学生的行为活动。又如，学生为了证实论点，需要交流和评价不同的解释。

（二）假说—演绎推理

有些研究者认为概念是通过对比、概括事物的相似特征而获得的，这种从观察特殊事物到一般结论或者定律的思维方式称为归纳推理。“概念”被认为是由符号所代表的具有共同标准属性的对象、事件或性质，标准属性有时也被称为本质特征或者共同特征。所以很多研究者将归纳看作是概念形成过程中的基本思维方式。正如研究者通过一个案例对归纳推理进行了描述：

“第一片蓝色的石蕊试纸放入酸溶液中变红了，第二片蓝色的石蕊试纸放入酸溶液中也变红了，第三片蓝色的石蕊试纸放入酸溶液中又变红了。因此，所有的石蕊试纸放入酸溶液中都变红。”

上述例子只能说明归纳推理在概念学习中是存在的，但是不能说明归纳推理是概念学习的基本思维方式。

当前心理学上的一些研究通过研究不同的归纳推理形式，发现归纳推理不是依据事物间的相似性而实现的，而是依据已经存在的概念所进行的假说及演绎推理而实现的。这种依据概念驱动而实现的归纳推理活动被称为“基于概念的归纳理论”，也被称为“假设—演绎推理”。“假说—演绎推理”是逻辑思维的基本形式之一，是解释必需的推理方式。这种推理的特点是：先对所面对的问题情境提出一系列的假设，然后根据假设进行验证，从而得到答案。“假设—演绎推理”包括以下几个步骤：

（1）观察。当对观察到的现象感到疑惑时，是因为这个现象与我们所认为的世界应该是怎样的相矛盾。基于已有的经验或相关概念会对现象产生的原因进行猜测。因此疑惑的观察让已有的概念具有了可以修正和替代的可能性。

（2）提出一个或多个假设。一般情况下，提出一个假设包括在已有概念的引导下对当前情境的解决策略或者现象产生的原因进行一种猜测。

（3）演绎预期的结果。这个过程主要用来支持假设是正确的。通过限定条件，按照“如果—那么—因此”产生的方式推理：如果假设正确，那么按照一定的条件进行某些操作，因此就会出现预期的结果。

（4）实施检验。预期结果是需要被检验的，这一过程需要通过实验来完成，实验是按照上述演绎的过程来进行的，能够产生实际的结果，实际的结果是需要观察来发现的，因此也称为观察的结果。观察的结果中包含着能够支持或者反驳假设的证据。

（5）对比预期和观察的结果。这种对比促使我们得出结论，如果预期的结果和观察的结果两者是一致的，假设就得到了支持。如果两者不一致，说明假设是错误的，或者检验的方法是错误的，又或者是两者都错误了。那些预期的结果和观察的结果一致的现象和不一致的现象都将作为证据。

（6）重复此过程直到产生结论。即使预期的结果和观察的结果之间是一致的，也不能由此得出结论，因为可能有一些没有想到的假设在相同的检验条件下也会产生观察的结果。同理，预期的结果和观察的结果不一致，也不能抛弃一个假设，因为预测的结果和观察的结果不匹配可能来自于两个因素——假设错误或者实验错误。在拒绝一个合理的假设之前，要有足够的理由说明实验不是错误的。要证明这一点，就需要多次重复实验并得到一致的结果。例如，假设你最初的观察结果与你的假设是冲突的（预测结果和观察结果不匹配），当你第二次测试时，你的结果依然与假设冲突，第三次又出现了这种结果。这样不断地重复以致得出结论。

以下结合德裔美籍生物学家勒维（Loewi）发现神经冲动的化学递质（获诺贝尔生理学或医学奖）为例，具体说明“假说—演绎推理”是如何发挥作用的。

20世纪初勒维发现化学递质，当时大多数的生物学家认为化学递质不会从神经传递到肌肉或其他器官。当时存在的一个难以解决的问题是：为什么相同类型的电流能够引起不同器官产生不同的活动，要么加速要么抑制？

观察：同样的电信号在相同器官上具有同等的兴奋或者抑制作用。这种现象需要解释。

提出假设：勒维认为在神经末端具有特殊的化学物质，它能够被释放出来产生电刺激，对一些器官的活动产生影响。这便是勒维的化学递质假设。

演绎预期结果：如果扩散出来的化学物质通过神经元转移引起冲动（化学递质假设），那么多次刺激青蛙的神经让心跳变慢，就会产生一些液体（预期结果1），当收集到这些液体应用于另一只青蛙时，它的心跳同样会变慢（预期结果2）。

实施检验：收集到第一只青蛙释放出的化学物质，将液体应用于第二只青蛙。

对比预期和观察的结果：收集到了第一只青蛙产生的一些液体（观察结果1），当把液体应用于另一只青蛙时，他发现正如预测的那样，心跳变慢了（观察结果2）。液体对相同器官具有相同的作用（证据）。

重复此方法直到产生结论：如果扩散出来的化学物质通过神经元转移引起冲动（化学递质假设），那么一只青蛙被多次刺激之后心跳加快就会产生一些液体，当收集到这些液体应用于另一只青蛙时，心跳同样会加快（预期的结果）。收集到了第一只青蛙产生的一些液体，当把液体应用于第二只青蛙时，他发现如他预测的一样，心跳加快了（观察的结果）。因此，化学递质假设被支持了（结论）。

非常重要的一点是“假说—演绎推理”不是自动的，在探究的过程中还需要辩论的过程来支持。另外，需要注意的一点是对比预测的结果和观察的结果来检验假设，有些时候观察到的结果会先于演绎的预期结果。

第四章

解释驱动探究的教学实践

教学策略是否有效，需要通过实践检验才能得知。解释驱动探究是否能够促进以及如何促进学生对科学概念的深入理解，还需要通过教学实践的结果加以证实。在本章中，首先介绍了教学实践的研究设计，一是采用准实验设计进行定量研究，探索解释驱动探究对学生概念理解的影响；二是采用现象图析学进行质性研究，探索解释驱动探究活动中学生概念理解的进程。另外，本章还介绍了概念量表的开发过程。

第一节 研究设计

一、准实验设计

解释驱动探究能否促进学生科学概念的理解？为了解决这个关键问题，采用了准实验设计。在教育研究中，研究者根据参与者是否是随机化挑选的，将实验设计分为真实验和准实验两类。准实验是指在实验中使用原始组作为被试，而不是随机安排被试接受实验处理。在教育研究中开展的实验大多数都是准实验设计。因为在学校背景下开展教学研究往往很难做到随机取样，参与者在研究之前就已经形成了特定的班级，研究者难以重新进行随机化分配。

准实验设计没有破坏原有的班级结构，能够保障参与者正常地接受学校课程学习，所以得到的结果现实代表性较高。准实验设计有以下几个特征：一是情境复杂化。由于参与者选择是非随机的，实验组和控制组容易出现不对等的情况，如教师因素、班级氛围、班级结构、课程安排、学生学习风格等。二是效应持续性。由于受到复杂情境的影响，操作产生的效果一般不会立即显现出来。三是实施过程方便可行。准实验设计需要设计精密、操作合理、控制严格，实施过程不是随意的，根据得到的结果推断因变量和自变量之间的因果是令人信服的，因果关系明确且具有内部效度。

（一）研究问题

研究的自变量是解释驱动探究的教学策略，研究涉及的因变量是学生对科学概念的理解。准实验设计是为了解决以下两个问题：

1. 采用解释驱动探究的教学策略，对实验组学生实施“电解质”和“氧化还原反应”的教学之后，实验组学生的概念理解水平比控制组要高吗？

2. 采用解释驱动探究的教学干预之后，实验组和控制组学生的相异构想哪些相同，哪些不同?

（二）研究对象

参与实践研究的学生来自于山东省济南市某重点中学高一年级，从该年级选择了两个班分别作为实验组和控制组。两个班由同一化学教师授课，所使用的化学教科书均是由山东科学技术出版社出版的《化学 1（必修）》，两个班每周都有 3 节化学课，2 节化学自习课，每节课课时均为 45 分钟。

在教学实践之前，两个班都完成了第 1 章“认识化学科学”的学习，其中包含的课程内容有“以钠和氯气为代表的有关物质性质的研究方法和程序”以及“物质的量”等相关内容。

第 1 章学习完成之后，该校高一年级的学生进行了一次学业水平测验，测试卷是该校高一年级的化学教师自编试题。其中一个班的平均分为 73.97（$N = 61$，$SD = 14.49$），另一个班的平均分为 77.48（$N = 58$，$SD = 14.50$）。通过独立样本的 t 检验并没有发现两组学生学业成绩具有显著性的差异（$t = 0.189$，$p > 0.05$）。将成绩低的一个班级设定为实验组，以此消除对实验组概念理解水平的提高可能有影响的前测成绩高这一干扰因素。

（三）研究设计方案

研究设计方案如图 4-1 所示：

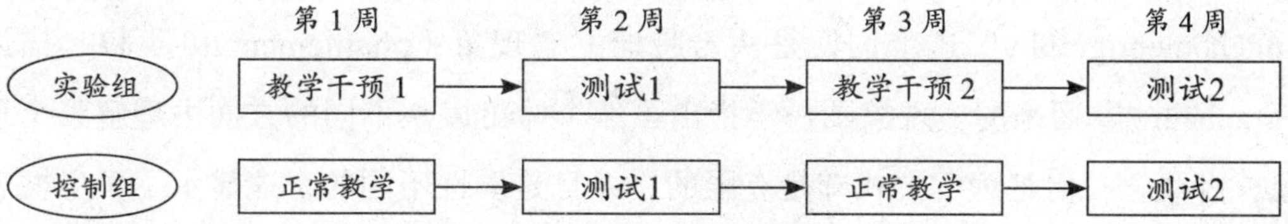

图 4-1　研究设计方案

实验组的教学干预 1 和教学干预 2 分别是采用解释驱动探究方式学习电解质和氧化还原反应概念，控制组的学生按照当前学校正常的教学学习电解质和氧化还原反应概念。

在教学干预 1 结束之后，对实验组和控制组的学生进行测试，测试卷采用的是自行开发的《电解质概念量表》；在教学干预2结束之后，对实验组和控制组的学生进行测试，测试卷采用的是其他研究者开发的《氧化还原概念量表》。

在设计过程中，考虑到了无关因素的干扰。一是要做到对操作变量尽量进行多次处理，让操作变量的效果显现出来；用两次概念理解水平的结果对比来证实自变量与因变量的关系。二是实验组和控制组都由研究者来讲授，一方面消除了实验组教师开展解释驱动探究的困难，另一方面消除了两个班级不同教师教学效果差异的影响。

二、现象图析学

解释驱动探究是如何促进学生学习科学概念的呢？本研究采用现象图析学（phenomenography）的方法探索学生科学概念学习的过程。现象图析学作为一种重要的质的研究方法，是20世纪70年代末由瑞典哥德堡大学马飞龙（Marton）通过研究学生的学习过程发展起来的，也被我国研究者译作"现象描述分析学"或"现象描述法"。现象图析学"不是根据研究者预期的认知去理解学生的学习，也不是从学生的成绩去推测学生的学习过程，相反，它把重点放在学生对自己与学习任务之间关系的主观描述上"。现象图析学的方法要求学生从自己的经验出发描述科学概念学习的过程及对科学概念的理解，学生按照不同的方式学习科学概念的过程以及由此对科学概念产生的理解。

现象图析学以人们对现象所做的描述为研究对象，通过人们所做的描述进行研究和分类，找出人们在经历现象的过程中所形成的各种有实质性差别的观念。"phenomenography"这个词便是从希腊词汇"现象（phainemenon）"和"描述（graphein）"而来的。现象图析学指出虽然个体可以从不同的方面去理解某个现象或者概念，但是理解方式却是有限的，并且是质性不同的，这显示了学生概念学习中理解的差异性。

现象图析学的研究目的是发现学生概念学习过程中有限的几种质性不同的理解方式，并用"描述类别（categories of description）"阐释每种理解方式的关键属性，有时也被称为"结果空间（outcome space）"。现象图析学的研究方法有三个特点：

一是研究过程围绕建立描述类别而进行。作为现象图析学的核心任务，建立描述类别有三条标准：第一，每个类别要清晰地展现出理解概念的特殊方式；第二，几种理解方式要呈现出从简单到复杂的层次分布；第三，归纳的类别要尽可能地少并且具有概括性。

二是呈现的结果要能够展示理解方式的层次性和过程性。现象图析学的研究过程是研究者所做的一项归纳性的解释工作，呈现的结果需要从整体的观点洞察不同类别的理解方式之间的关系，在概念理解的不同层次之间建立起联系表示学生概念理解的过程。

三是研究结果的概括性。作为一种质性研究方法，现象图析学需要基于学生对科学概念学习过程的自我描述进行研究，这个过程需要借助访谈来完成。与量化研究的方法不同，对于参与访谈的学生，需要根据研究目的选择少数具有针对性的学生。现象图析学仅对质性不同的理解方式进行分类，而不对学生进行类别的划分。实际上某个学生在理解概念时可能不只持有一种理解方式，因此现象图析学虽然对少数具有针对性的学生进行分析，最终得到的结果其实是研究者归纳性的一种解释。这种结果具有概括性和一般性，能够表示解释驱动探究中学生科学概念理解的一般过程。

（一）研究问题

现象图析学是让实验组学生描述他们在解释驱动探究学习中，对科学概念产生了哪些理解。主要解决的研究问题是：

1. 在解释驱动探究的课堂教学中，学生对电解质和氧化还原反应概念产生了哪些理解？

2. 不同层次的学生，他们对电解质和氧化还原反应概念的理解有哪些不同？

（二）研究对象

从实验组中选择了 8 名学生（4 名男生，4 名女生）。综合考查收回的学案和概念量表的测量结果，其中 6 名学生是根据实验前学生学业成绩进行选择的，从最高分、平均分和最低分的学生中选择了男生和女生各一名，代表了不同已有知识经验的学生采用解释驱动探究学习科学概念的情况。另外，根据学案的完成情况，挑选出 2 名在解释驱动探究中表现好的学生（男女生各一名）。这 8 名学生的具体情况如表 4-1 所示。

表 4-1　　参与者的信息

情况	性别	编号	ECI（分）	ROXCI（分）
解释驱动探究学习表现最好	男	E-25	80.98	89.35
	女	E-31	96.74	84.91
学业成绩最高分	男	E-44	90.99	89.35
	女	E-04	80.98	81.06
学业成绩平均分	男	E-48	83.38	85.07
	女	E-52	78.59	77.18
学业成绩最低分	男	E-17	71.35	64.91
	女	E-10	66.2	64.91

（三）访谈提纲

访谈是现象图析学用来收集数据的主要手段，为了保障良好的访谈过程，研究者需要提前设计访谈提纲。访谈提纲实际上是研究者采用一定的访谈技术预先设计的一系列问题。访谈问题的设计要做到两点：

第一点是问题要有灵活性，能够引出学生更多的想法，不要设计一些通过“是”或“否”就能作答的判断性问题，问题要保证学生详细地描述自己对一个概念的理解。例如，如果问学生“什么是电解质”，学生就会思考电解质的定义，或者给出“忘记了”“不知道”等回答，这种问题不能引出学生有关概念理解的深层信息。如果采用事例访谈的技术，将上述问题改为“请列举出一个电解质的例子”，学生根据对电解质的理解会作出一定的回答，根据学生的回答接着提出问题：“你为什么认为它是电解质呢？”这样学生会对刚才的回答将自己的理解给表述出来。

第二点是访谈问题要注意避免加入研究者的主观判断。例如，问学生“××溶液为什么导电”，这个问题就加入了研究者的主观判断，即研究者认为学生已经知道了 ×× 溶液导电。为了减少研究者的主观描述，访谈问题的设计可以采用预测访谈的形式，首先问学生：“你预测一下，×× 溶液导电吗？”根据学生回答是否导电，然后问他们为什么会作出这样的回答。另外，为了避免研究者的主观干预，研究者在访谈过程中要做到多听少说，也不能一直不说话，只有当不明白学生表达的意思时才提出问题澄清学生的思路。例如，可以问学生："我不是很清楚你刚才所说的电离过程，你能详细描述一下吗？"

《电解质概念访谈提纲》内容为：

1. 请列举出一个电解质的例子。

2. 你为什么认为它（以下用*表示）是电解质？

3. 说一下电解质的定义。

4. 请预测一下，*溶液导电吗？为什么？

5. 向*溶液中加入#晶体（根据学生的回答，*+#组合具有灵活性，可以是"HCl + NaOH""NaOH + KCl""NaCl + KOH"等）。

6. 上述#晶体加入*溶液中是如何变成自由移动的离子的？

7. 水分子在这个过程中发挥了什么样的作用？

8. 如果将#晶体换成蔗糖，预测一下*溶液的导电性将会出现怎样的变化，为什么？

《氧化还原反应概念访谈提纲》内容为：

1. 请写出一个氧化还原反应的例子。

2. 你为什么认为它（以下用*表示）是一个氧化还原反应？

3. 说一下这个反应的本质。

4. 在这个反应中物质的化合价（或者电子）是如何变化的？

5. 请描述一下电子转移的过程。

6. 在化合价（或者电子）变化过程中，预测其他微粒是否发挥了作用。如果有作用，是什么作用？

（四）实施过程

除了设计访谈提纲，在实施访谈之前有两项准备工作要做。第一是确保对学生访谈的场所是安静的。在安静的场所里学生能够思考自己对科学概念学习的过程和对科学概念的理解。对 8 名学生的访谈皆是在安静的环境下进行的。第二是准备录音设备和录像设备对访谈内容进行声音和图像的记录。进入访谈时首先要征得访谈者的同意，当访谈者同意后方可录音。

在正式访谈时首先应当创造良好的访谈氛围，让学生在轻松的氛围下畅所欲言，描述自己的学习过程及对科学概念产生的理解。访谈的全部内容可通过录音设备记录下来，如果访谈过程中学生借助画图来描述对概念的理解，则可通过照相机将学生所画的图形记录下来。这些录音和照片都是收集到的数据。

对数据的处理，第一步是转录工作，即将录音一字不差地转录成文字，这被很多研究者认为是一项非常费时的工作。第二步是总结及提炼“描述类别”的阶段，在本研究中描述类别代表的是学生对科学概念的理解。其中涉及一项核心工作——进行编码。编码不是描述类别，由编码到描述类别至少需要完成以下工作：首先，概览访谈内容，确定一些明显的类别；其次，研究者分析学生对概念的描述，在文本空白处标记研究者的总结，这被视为“编码”过程；最后，合并编码并进一步提炼，将相似的编码逐步归纳形成几条具有层次的描述类别。最后一步是根据数据处理的整体框架有层次地将每个“描述类别”呈现出来，便形成了学生对科学概念理解过程的描述，同时列举具有代表性的学生访谈内容作为具体例子。

第二节　概念量表的开发

纸笔测验作为一种方便而且用途广泛的研究工具，受到研究者的重视。解释驱动探究是为了促进学生对科学概念的理解，测试的题目要能够考查学生对科学概念的理解情况。如果学生采用记忆的方式学习科学概念，那么他们将不能够很好地完成测验。

要建立一套测量概念理解水平的工具，根据这套工具能够测量出学生对科学概念的理解水平。概念量表是为测量学生概念理解水平而设计的多项选择题形式的纸笔测验，是测量学生概念理解水平的一种重要工具。在国际化学教育领域，第一套概念量表是 2002 年由马尔福德（Mulford）和罗宾逊（Robinson）开发的《化学概念量表》（*Chemical Conceptual Inventory*），之后这套量表被广泛借鉴并使用。一是用来探查学生或者教师对概念的理解水平，二是依据量表中的项目设计其他概念量表。美国迈阿密大学的布雷茨（Bretz）等人开发出了《化学键概念量表》和《氧化还原反应概念量表》。本研究对学生氧化还原反应概念理解水平的测量采用的就是这套《氧化还原反应概念量表》（*Redox Concept Inventory*，简称 ROXCI）。

目前没有一套完整的概念量表测量学生对电解质概念的理解水平。已有的研究测量学生对电解质概念的理解水平通常是在溶液化学和电化学知识里。在开展本实践研究之前，一项重要的任务是需要开发一套测量学生电解质概念理解水平的量表，称为《电解质概念量表》（*Electrolyte Concept Inventory*，简称 ECI）。另外，需要将英文版的 ROXCI 翻译成中文版。

一、电解质概念量表的开发

美国国家研究理事会指出，开发任何一项测量工具，都包括三个基本成分：认知、观察和解释。认知是基于某种学习理论构建学生概念理解的模型；观察是学生在研究者设计的评价问题和任务上的表现；解释是根据学生的表现使用测量模型推断学生的能力。在此基础上，Wilson（2008）提出了开发测量工具的具体方法，包括四个步骤，也被称为四基石（building blocks）。第一，确定具有发展性的变量（progress variables），也就是测量内容，本研究指学生概念理解水平及对应的相异构想。第二，项目设计（item design），指研究者设计问题或者任务。第三，结果空间（outcome space），指学生在项目上的具体表现，即收集到的数据。第四，测量模型（measurement model），指将学生表现和学生能力之间建立联系的模型，如 Rasch 模型。本研究中测量工具的开发过程是按照这四个步骤进行的。

（一）确定理解的结构和水平

本研究的第一步是确定电解质概念理解的水平及相异构想。电解质概念对学生认识水溶液的行为具有重要的作用，已有研究中评价学生对电解质概念的理解，包括电解质和非电解质、溶液导电性、电离、离子反应、强电解质和弱电解质等内容。关于电解质溶液的导电性，Muammer（2005）调查了高一学生对电解质和非电解质溶液导电性的认识，发现 8% 的学生认为电解质溶液不导电，进一步要求学生列举出溶液导电的物质时，学生则作答困难。这说明学生难以将酸、碱、盐等物质与电解质建立联系。Ogude（1994）考查了高三和大一学生在解决原电池问题时的相异构想，发现学生认为电解质溶液导电的原因是存在自由移动的电子，他们指出对电解质溶液的理解不是孤立的，需要和复杂的电化学现象联系起来。关于电解质的电离，Iztok 等人（2009）调查了 16 岁的学生对水溶液的微观理解，发现 46% 的学生不能完全理解电解质的电离，从微观上将电离和溶解过程看作是一回事。同时，Goodwin（2002）调查发现高中生将固体的熔融和溶解混淆，认为两者都是由固体变成液体的状态。Ogude（1994）考查了高三和大一学生对电解质溶液中离子导电性的认识，发现当学生解决原电池这一复杂问题时，认为电流使电解质分解。Nusirjan（1987）发现低年级学生认为固体溶解在水中变成分子、原子和离子的混合物。关于强电解质和弱电解质，邱美虹（2007）调查了高一学生对酸和碱的理解，发现 34% 的高中生认为弱电解质在水中以分子形式存在，他们的解释是一部分弱电解质分解成离子，阴、阳离子又重新组合成分子。关于电解质在水溶液中的反应，Nusirjan（1987）调查了高中三个年级学生对溶液中发生反应的理解，发现学生不能从离子的角度说明溶液中发生的化学反应，三个年级对反应产物的描述和反应的离子种类等认识存在差异。

依据我国《普通高中化学课程标准（实验）》对不同阶段学生电解质概念学习的要求，划分了电解质概念的理解水平，并将学生的相异构想归类到不同的水平，如表 4-2 所示。

表 4-2　　学生电解质概念的理解水平及相异构想

理解水平	相异构想
水平 3：学生能够描述弱电解质的电离及微粒，解释电解质溶液的酸碱性及变化等复杂问题	相异构想 1：弱电解质在水中以分子形式存在，阴、阳离子又重新组合成分子（邱美虹，2007）
水平 2：学生能够根据微粒间的相互作用描述酸、碱、盐的电离及离子反应	相异构想 1：熔融和溶解是一回事，都是由固体变成液体的状态（Goodwin，2002） 相异构想 2：电流使电解质分解（Ogude，1994） 相异构想 3：固体溶解在水中变成分子、原子和离子的混合物（Nusirjan，1987） 相异构想 4：从微观上将电离和溶解过程看作是一回事（Iztok，2009）
水平 1：学生能够根据溶液导电的性质区分电解质和非电解质	相异构想 1：电解质溶液不导电，不能列举电解质的例子（Muammer，2005）

表 4-2 所建构的电解质概念理解水平是关于学生概念理解的一种理论构想，也是本研究开发测量工具的依据。学生实际的概念理解情况是否按照这些水平逐渐发展，还需要根据测量结果对理论构想的效度（即构想效度）进行检验。

（二）项目设计和赋分计划

第二步是设计项目并形成测量工具。评价学生概念理解的项目包括很多种形式，每种形式对测量概念理解水平或者诊断相异构想的作用有所差异（Mintzes，1999），其中多项选择题被研究者认为是测量学生概念理解水平的一种简单方便的方法（Wilson，2008）。另外，Treagust 等人（2007）提出的二段式多项选择题被普遍认为是诊断相异构想的一种有效方法。

本研究设计的项目是二段式多项选择题的形式。所谓二段式多项选择题，是指第一段问题提供数目不少于两个的选项供学生选择，考查学生是否理解了该问题考查的内容；第二段考查学生对第一段回答的理由，形式也是多项选择题。每个题目的第一段和第二段都具有唯一的正确答案。除去正确答案，两段中干扰选项都是根据学生的相异构想设计的，这些相异构想既包括已有研究中列出的，也包括在测量工具开发之前通过调查问卷和学生访谈所获得的。每个问题对应的选项数目不等，一般为 2 ~ 5 个。

项目设计的要求是确保学生第一段的回答能够在第二段中找到合理的理由。只有两段都答对的情况，才认为学生对题目的回答是正确的。如果学生在任意一段中作答错误或者两段都作答错误，则被认为对题目的回答不正确。为了具体说明，以 Q5/Q6 为例，如图 4-2 所示。

Q 5. 1 mol · L^{-1} 的 H_2CO_3 溶液比 1 mol · L^{-1} 的 H_2SO_4 溶液导电性弱，能否证明 H_2CO_3 是弱电解质？_______

A. 能

B. 不能

Q 6. 你选择第 5 题答案的理由是______。

A. 导电性弱的不一定是弱电解质

B. H_2CO_3 溶液有未电离的 H_2CO_3 分子

C. H_2CO_3 是弱酸，导电性与 H^+ 有关系

D. 两种酸都完全电离，H_2CO_3 溶液中比 H_2SO_4 溶液中少一个 O^{2-}

图 4-2　测量工具中项目 Q5/Q6 的设计

项目 Q5/Q6 对应电解质概念理解的第 3 水平，主要考查学生能否根据溶液导电性强弱这一实验事实，把握强电解质和弱电解质中的微粒种类及数量。当学生在第 5 题中选择 A 选项，第 6 题选择 B 选项（为了表述简便记为 5A6B），代表学生对该题目回答正确。选择题往往存在学生根据猜测答对题目的可能性。例如，在本题目中，第 1 段有 2 个选项，猜对的概率为 50%，第 2 段有 4 个选项，猜对的概率为 25%，同时猜对两段的概率为 12.5%。如果学生选择了其他选项，则认为学生没有回答对题目，根据学生的选项可以确定学生的相异构想。例如，如果学生选择了 5A6C，说明他们并不清楚弱电解质溶液中存在分子，片面认为酸的导电性只与氢离子有关系。第一段和第二段的某些选项组合是没有意义的，如 5B6D。如果学生选择了这些不合理的选项，则可以认为学生没有认真作答。

本研究对应概念理解每个水平开发了 4 ~ 6 个二段式多项选择题的项目，最后总共开发了 15 个项目，包含 30 个题目。测量工具是中文版本，本研究对工具有效性的探讨针对的是中文版本。这些项目对应电解质概念理解水平的分布如表 4-3 所示。

表 4-3　　电解质概念理解水平测量工具中的项目分布

理解水平	项目分布
水平 3：把握定量关系	Q5/Q6；Q13/Q14；Q15/Q16；Q21/Q22；Q29/Q30
水平 2：认识相互作用	Q1/Q2；Q9/Q10；Q19/Q20；Q23/Q24；Q25/Q26；Q27/Q28
水平 1：判断物质类别	Q3/Q4；Q7/Q8；Q11/Q12；Q17/Q18

当所有项目开发完成之后将其组合成一套测量工具。请另一位有丰富经验的高中教师对测量内容及其对应的概念理解水平进行检验，检验的结果是大部分项目的理解水平与表 4-3 一致。但是在 Q13/Q14 和 Q17/Q18 两个项目上，认为可能还考查了水平 2 的相关内容，经过权衡之后，最终决定将两个项目按照表 4-3 的水平划分。

（三）数据收集

第三步是使用测量工具对学生进行测试。基于 Rasch 模型的测量，要求参与者必须具有能力上的差异性（variation in student abilities）。本研究的参与者来自两个城市的两所高中，采用整群抽样的方式，对两所学校 10 ~ 12 年级的 559 名学生进行了测试。学生的具体信息见表 4-4。

表 4-4　　样本的分布情况

城市	10 年级（人数）	11 年级（人数）	12 年级（人数）	总人数
济南	62	62	57	181
石家庄	129	128	121	378
总人数	191	190	178	559

两个城市的学生使用不同版本的普通高中化学教科书，分别由人民教育出版社（人教版）和山东科学技术出版社（鲁科版）出版。两版教科书都是基于《普通高中化学课程标准（实验）》编写的。测试时，10 年级学生学习了电解质和非电解质的概念。根据我国高中化学课程的内容编排，电解质概念的学习同时包含电离、离子反应等相关概念。11 年级的学生学习了弱电解质的电离，12 年级的学生深化学习了电解质在水溶液中复杂的行为表现。一般来说，随着教学内容的不断深化，学生概念理解水平会有所提高。如果一项测验的结果与我们所了解的学生信息是一致的，可以说明这项测验具有预测效度（Linacre，2011）。

测量的过程由两个学校的教师将测试卷发放给学生，监督学生独立完成所有测试题的回答。根据教师反馈的信息，大部分学生能够在 15 分钟之内完成所有题目。这一过程保障了测试卷中学生的作答是有效的。测试完成后教师回收了所有学生的测试卷，并将测试卷邮寄给研究者，共收集到 559 份学生测试卷。

（四）测量模型和数据分析

第四步是使用 Rasch 模型处理数据，根据学生对不同水平项目的表现推测他们的概念理解水平。有关 Rasch 模型的公式和具体使用方法参见书后参考文献［51］。

回收的问卷首先按照地区和年级进行编号整理，之后使用 Excel 软件对每个编号对应学生的答案进行统计和保存。考虑到项目是二段式的形式，每一个项目实际上包含两段，即两个题目。在数据统计的过程中用一个正确答案表示，采用“题目编号 + 选项”的形式记录。例如，学生在第 5 题中选择了 A，在第 6 题中选择了 C，数据记录为 5A6C。学生答案的表述形式与项目开发过程中相异构想的设计方式是一致的，对这些数据进行频次统计，结果可以诊断学生最容易出现的相异构想。在数据统计过程中，发现极少数学生在某些项目上只作答了第一段，将空缺的一段用 0 标注。将这些原始数据都保存在 Excel 软件中。

根据这些原始数据如何推断学生的概念理解水平呢？Rasch 模型被认为是一种有效的方法，它能够将原始数据转化成等距的逻辑斯特（logit）值。这是通过同时估计项目难度和学生水平来实现的，该模型定义能力为 θ_n 的学生回答难度为 δ_i 的项目的概率 $P=\dfrac{e^{(\theta_n-\delta_i)}}{1+e^{(\theta_n-\delta_i)}}$，将项目难度和学生概念理解水平用 logit 值表示。一方面，通过比较 logit 值可以对比不同项目的难度或者学生的概念理解水平的高低。另一方面，还可以比较学生和项目的 logit 值，推测学生回答该项目成功的概率。经典测量理论的真分数模型很难做到这一点，因为真分数模型主要根据测量工具的总分估计学生的理解水平，忽视了学生在不同难度项目上的表现。

数据采用 Rasch 模型处理时，包含两个基本的假设：一是数据是单维的，也就是说数据是由学生单一的心理特征表现出来的；二是项目是局部独立的，即学生回答一个项目不会影响另一项目，项目之间不存在相关性。考虑到本研究的项目是二段式的形式，第一段的回答肯定会影响第二段。为了不违反第二个基本假设，只有第一段和第二段都对的情况下才被赋值为 1，任何一段错误或者两段都错误会都被赋值为 0。这样原始数据就变成了 0 和 1 的二元计分数据集，再将这些数据使用 Winsteps3.72.0 软件进行处理。

（五）测量的效度和信度

用 Rasch 模型估计学生概念理解的水平时，首先要检验由测量工具收集到的数据是否符合 Rasch 模型的两个基本假设：单维性和局部独立性。

单维性检验的目的就是寻找那些与“电解质概念理解”这种潜在特质不相符的数据，以及是否还存在其他成分影响学生在项目上的作答情况。Rasch 模型的单维性是通过残差的主成分分析得到的，如图 4-3 所示。

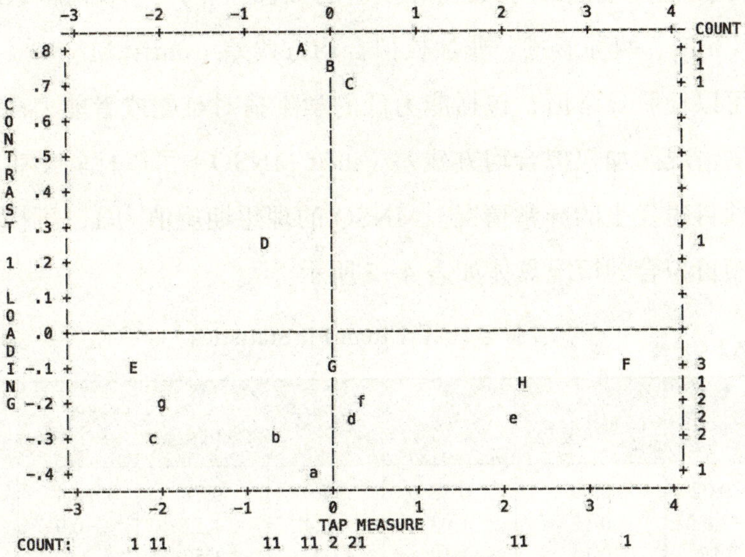

图 4-3　项目负荷图

横坐标代表项目的难度，纵坐标是项目与其他成分的相关系数（contrast loading）。从图 4-3 看，大多数项目的负荷值在 -0.4 ~ 0.4 这一可接受的范围内。有三个项目（C-Q25/Q26；B-Q1/Q2；A- Q27/Q28）超出了这个范围。其中 Q1/Q2（0.73）和 Q27/Q28（0.79）的负荷值大于 0.7，说明这两个项目并不是局部独立的，还存在另一个成分影响着学生测试的表现。

在进行 Rasch 分析时，是否要将以上项目分开，或者重新建构新的测验呢？在使用 Rasch 模型分析数据时，研究者指出单维性从来都是不容易获得的（Linacre，2011），是否要将项目去除，还需要检查这三个项目是否与本研究的测量内容存在明显的差异。经检验，这三个项目都是考查学生对电离的理解。因为本研究对电解质概念理解水平的测量包含对电离的理解，所以这些项目并没有偏离本研究的测量内容，予以保留。在进一步的研究中，为增强测量工具的单维性，这三个项目还需要进一步修正。

1. 效度

本研究对测量工具效度的说明主要是构想效度，是指一个测验测量出构想的程度（Linacre, 2011）。本研究的构想具体指表 4-2 建构的电解质概念理解水平，效度即测量工具能否测量出学生对电解质概念理解的三个水平。

首先，需要检验数据是否拟合 Rasch 模型。项目拟合（item fit）指标——均方残差（MNSQ）可以用来检验数据和模型的拟合程度，包含非加权拟合（outfit）和加权拟合（infit）两种形式。非加权拟合均方残差（outfit MNSQ）在 Rasch 分析的过程中可以检验异常值，包括能力低的学生猜对难题或者能力高的学生粗心答错简单题的情况。加权拟合均方残差（infit MNSQ）可以检验学生回答与自己能力相当的项目时发生的异常情况。MNSQ 的理想期望值为 1，可接受的范围为 0.7 ~ 1.3。项目拟合的情况具体如表 4–5 所示。

表 4–5　　项目拟合统计（Item Fit Statistics）

项目	难度值	Model S. E.	infit MNSQ	ZSTD	outfit MNSQ	ZSTD	PTMEA Corr.
Q1/Q2	−0.02	0.09	0.83	−4.9	0.78	−4.4	0.58
Q3/Q4	−2.02	0.12	1.03	−0.4	1.12	−0.9	0.30
Q5/Q6	2.17	0.14	1.10	1.1	1.52	2.6	0.20
Q7/Q8	−0.82	0.10	0.90	−2.7	0.81	−3.0	0.51
Q9/Q10	−2.29	0.13	1.00	0.1	0.95	−0.3	0.32
Q11/Q12	−2.11	0.12	1.08	1.1	1.16	1.2	0.26
Q13/Q14	−0.02	0.09	1.03	0.8	0.99	−0.1	0.42
Q15/Q16	2.18	0.14	1.25	2.6	1.92	4.3	0.06
Q17/Q18	−0.24	0.09	1.10	2.7	1.12	2.2	0.35
Q19/Q20	−0.70	0.10	1.02	0.60	1.00	0.0	0.41
Q21/Q22	0.31	0.10	1.07	1.8	1.05	0.9	0.38
Q23/Q24	0.27	0.10	1.04	0.9	1.03	0.6	0.40
Q25/Q26	0.19	0.10	0.76	−7.0	0.76	−4.6	0.63
Q27/Q28	−0.32	0.09	0.80	−5.9	0.75	−4.9	0.60
Q29/Q30	3.40	0.21	1.11	0.7	1.76	2.1	0.08

注：N（学生）= 559，MNSQ 的值在0.70 ~ 1.30是可接受的。

根据表 4–5 显示，Q5/Q6、Q15/Q16、Q29/Q30 的非加权拟合超出了 1.3，这三个项目对应电解质概念理解的水平 3。这一结果说明具有水平 1 和水平 2 能力的学生在回答这些项目时出现了异常。然而这些项目的加权拟合均方残差落在可接受的范围内，基本认为测量得到的数据拟合 Rasch 模型。PTMEA Corr. 的值代表了测量原始分数和 Rasch mesure 之间的相关性。在 Rasch 模型分析中，要求为正向（Linacre，2011），且不能靠近为 0。根据表 4–5 所示，所有项目的该值都为正值，需要引起关注的是 Q15/Q16、Q29/Q30 这两个项目，它们的值靠近 0，在下一轮测试中需要对这两个项目作出修正。

其次，需要检验项目的难度与表 4–2 建构的水平之间是否具有一致性。通过怀特图（图 4–4）可以形象地对比项目的难度。

```
INPUT: 559 KID  15 TAP  REPORTED: 559 KID  15 TAP  2 CATS        WINSTEPS 3.72.0
--------------------------------------------------------------------------------

           KID - MAP - TAP
            <more>|<rare>
  4               +
                  |
                  |
                  |
                  |  Q29/Q30
                  |
                  |T
  3               +
                  |
              .#  |
                  |
                  |
                  |
                  |  Q15/Q16  Q5/Q6
  2          .## T+
                  |
                  |
                  |S
         .######  |
                  |
                  |
  1               +
        ######## S|
                  |
                  |
    .###########  |
                  |  Q21/Q22  Q23/Q24
   .############  |  Q25/Q26
  0               +M Q1/Q2    Q13/Q14
                 M|
    .###########  |  Q17/Q18  Q27/Q28
                  |
                  |
   .############  |  Q19/Q20
                  |  Q7/Q8
 -1 .###########  +
                  |
                 S|
       .########  |
                  |S
                  |
                  |
 -2         .###  +  Q3/Q4
                  |  Q11/Q12
                 T|  Q9/Q10
                  |
              .#  |
                  |
                  |
 -3               +
                  |T
                  |
               .  |
                  |
                  |
                  |
 -4               +
            <less>|<frequ>
 EACH "#" IS 6. EACH "." IS 1 TO 5
```

图 4-4　怀特图

从怀特图上看，测量工具中的项目基本能够覆盖大多数学生的能力，对于能力值在 1logit 和 0.5logit 附近的学生还缺少对应难度的项目，今后改进测量工具时还需要增加一些项目。结合表 4-5 中各项目的难度显示，项目和对应理解水平之间有三处反例。第一，对应水平 3 的 Q13/Q14（−0.02）和水平 2 的 Q1/Q2（−0.02）难度一样；在内容效度的检验时，其中一名内容专家提到 Q13/Q14 还考查了水平 2 的内容，在之后测试中这个项目可能还需要修正。第二，水平 1 的 Q17/Q18（−0.24）比某些水平 2 的题目要难，其中一个原因是学生对 Q17/Q18 中的“甲醇”这种有机物不熟悉。第三，水平 2 的 Q9/Q10（−2.29）是难度最低的项目，这个项目考查的是学生对氯化镁在熔融状态下的电离，这一例子在中学阶段海水制镁的内容中学习过，从而降低了学生回答该项目的难度。除去以上 3 个项目，80%的项目难度与构想是一致的。

最后，将每个水平对应所有项目的难度取平均值，计算每个水平的平均难度，如表 4-6 所示。

表 4-6　　电解质概念理解三个水平的难度值

水平	项目（难度）	平均值	标准差
1	Q3/Q4（−2.02）; Q7/Q8（−0.82）;Q11/Q12（−2.11）;Q17/Q18（−0.24）	−1.30	1.30
2	Q1/Q2(−0.02); Q9/Q10(−2.29); Q19/Q20(−0.70); Q23/Q24(0.27); Q25/Q26（0.19）; Q27/Q28（−0.32）	−0.48	1.28
3	Q5/Q6（2.17）; Q13/Q14（−0.02）; Q15/Q16（2.18）;Q21/Q22（0.31）; Q29/Q30（3.40）	1.61	1.40

通过单因素方差分析（ANOVA）检验三个水平之间是否存在显著性的差异。经检验，三个水平的方差齐性 [$F(2,12)=1.318, p>0.05$]。使用 Bonferroni 检验，结果显示三个水平之间存在非常显著的差异 [$F(2,12)=8.380$, $p=0.005$]。具体看，水平 1 和水平 2 的差异不显著（$p=0.788$），水平 2 和水平 3 的差异显著（$p=0.03$），水平 1 和水平 3 的差异非常显著（$p=0.007$）。电解质概念理解的水平 1 和水平 2 之间的差异不显著，一种原因可能是水平 2 中的 Q9/Q10 项目的难度值导致水平 2 的平均难度降低，另一种原因可能是电解质概念的水平 1 和水平 2 本身之间没有本质差异。具体哪种原因还需要进一步研究。

2. 信度

本研究对测试的信度从两个方面给出，内部一致性信度（克隆巴赫 α 系数）和 Rasch 分析的信度。内部一致性系数代表的是学生在测试中所有项目上的回答一致性的程度。所有学生测试的克隆巴赫 α 系数为 0.61，其中 10 年级（$\alpha=0.60$）、11 年级（$\alpha=0.53$）和 12 年级（$\alpha=0.66$）学生测试的信度系数都没有达到 0.70 这一“可接受”的标准。这一结果与 Luxford 等人（2014）的研究结果具有相似性。在他们的研究中，使用 concepts inventory 诊断高中生离子键和共价键的相异构想，最后测试信度也没有达到 0.70。由于学生相异构想的存在，测试内容本身就存在不一致的成分，当测试具有诊断学生相异构想功能时，就可能会导致信度较低。

Rasch 分析结果通过个人分离信度和项目分离信度两项给出，如表 4-7 所示。

表 4-7 测试的总体情况

参数（N）	infit		outfit		seperation	reliability
	MNSQ	ZSTD	MNSQ	ZSTD		
559（学生）	0.97	0.0	1.11	0.2	1.18	0.58
15（项目）	1.11	−0.5	1.12	−0.2	12.68	0.99

个人分离信度为 1.18，对应的内部一致性系数为 0.58，个人分离信度并不高。然而，本研究开发的测量工具意图用作课堂评价，对于决策存在的风险性不是很高，这个结果是可以接受的。项目分离信度是非常高的，对应的内部一致性系数为 0.99。

二、氧化还原概念量表的介绍

（一）测量内容

布雷茨等人在开发《氧化还原反应概念量表》时指出：在化学课堂中，化学概念通过不同的表征方式呈现给学生，在已有关于氧化还原反应的文献中发现学生习惯使用化学方程式在符号水平上理解氧化还原反应，学生对氧化还原反应概念产生的相异构想集中在氧化还原反应的定义、化学方程式的表面特征，以及化合价的应用上。例如，学生在分子和离子中使用化合价出现错误概念，在反应 $CO_3^{2-} + 2H^+ = H_2O + CO_2$ 中，学生描述氢离子和碳酸根离子发生了氧化反应。与该想法不同，其他学生认为：碳酸根离子发生了还原反应，因为它失去了一个氧原子；氢离子发生了氧化反应，因为它得到了一个氧原子。已有文献多是研究学生对氧化还原反应符号的理解，很少关注学生对氧化还原反应过程中微粒本质的理解（微粒的动态作用及电子转移）。在一项研究中，通过模拟 $AgNO_3$（aq）和 Cu（s）反应的微粒动画访谈学生，引出了学生的理解，确定了多种错误概念。例如，反应物是按照 1 ∶ 1 的比例进行的；硝酸根离子是氧化还原反应的动力，比起银离子它更容易和铜离子结合；在水溶液中阴离子和阳离子相互结合等。因此确定了《氧化还原反应概念量表》的测量内容包括表面特征、化合价、电子转移、离子效应、动态反应过程、化学键 6 个内容。同样考虑到化学键这一概念在我国高中化学课程中的安排，在翻译成中文版时将有关化学键的考查内容进行了删除，因此翻译后的《氧化还原反应概念量表》实际上包括除化学键以外的 5 个内容。

高中化学课程中，对氧化还原反应的定义是“有化合价变化的反应为氧化还原反应”，并且指明了氧化还原反应的本质是电子的转移。因此，本研究确定了氧化还原反应概念理解的两个水平：水平 1，学生能够从化合价的角度区分氧化还原反应，从氧化还原反应方程式的表面特征判断被氧化和被还原的物质；水平 2，学生能够从电子转移的角度判断氧化还原反应，区分溶液发生的氧化还原反应中离子的作用，能够描述氧化还原反应过程中电子转移的过程。

（二）项目示例

《氧化还原反应概念量表》的项目开发的途径与《电解质概念量表》有些不同，《氧化还原反应概念量表》的项目主要是基于对学生的半结构访谈来设计的，访谈的题目作为量表中的题目，而对学生访谈的结果则设计成相应的选项，因此项目的选项更加贴近学生的语言。例如，研究者测量学生对氧化还原反应过程中电子的转移，设计了铜和 $AgNO_3$ 溶液的反应。对某个学生的访谈结果如下：

当铜变成 [Cu^{2+}（aq）]，就会有 2 个带负电的电子附着在固体铜上，因此猜测就会吸引 [Ag^+（aq）]。

结合不同学生的访谈结果，研究者设计了相应的项目，如图 4-5 所示。

根据图示回答第16题。

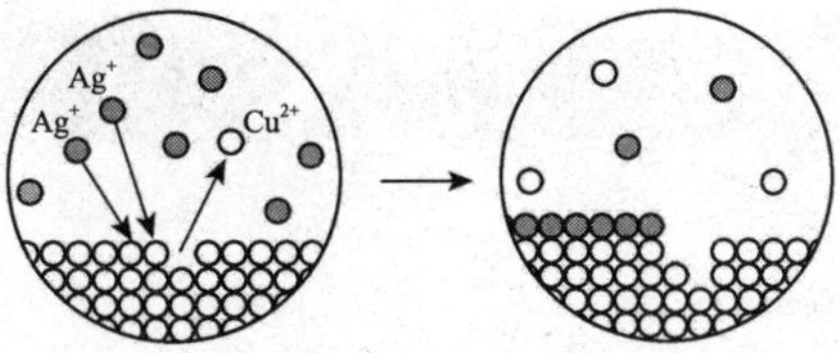

说明：上面的图示代表了Cu（s）和$AgNO_3$（aq）所发生氧化还原反应的一个部分。硝酸根离子在图示中没有画出来。

16. 下面哪个选项能够最好地描述反应中银的变化?

A. 2个Ag将Cu^{2+}从固体中推到溶液中

B. 当Cu^{2+}离开固体时，2个Ag^+在固体铜上失去了电荷

C. 当Cu^{2+}离开固体时，2个Ag^+相互吸引而留在了固体铜上

D. 2个Ag^+从固体铜上得到了电子

图 4-5　ROXCI 中的项目示例

（三）量表的翻译

《氧化还原反应概念量表》是基于美国高中一年级的化学课程所开发的，对应的教科书为 *Chemisrty*：*The Science in Context*，包含的教学内容有氧化还原反应的概念、电子转移、氧化数。这与本研究参与者使用的《化学 1（必修）》中氧化还原反应部分的大部分内容是一致的。在翻译过程中，根据我国高中化学课程的编排顺序和内容呈现，对该量表有三处主要的改动。一是对涉及“化学键”的选项作出了改动，如第 4 题的 B 选项，原文翻译过来为“O_2（g）给 Al（s）电子，形成化学键”，改成了“O_2 给 Al 电子”。二是物质状态的标识如气体（g）、固体（s）、水溶液（aq），在我国高中化学课程中是在选修课程《化学反应原理》中学习“化学反应的热效应”内容来书写热化学方程式时才用到的，因此将所有物质状态的标识也都删去了。三是量表中出现的“氧化数（oxidations numbers）”对应我国课程内容的“化合价”，在翻译时将“氧化数”统一替换成“化合价”。将翻译后的《氧化还原反应概念量表》请中学化学教师进行内容效度的检验，用它来测量学生对氧化还原反应的概念理解水平。

第三节　解释驱动探究的教学过程

一、解释驱动探究的教学框架

根据学生科学概念学习的过程和本质，以及解释驱动探究的特征，构建了解释驱动探究的教学框架，如图 4-6 表示。

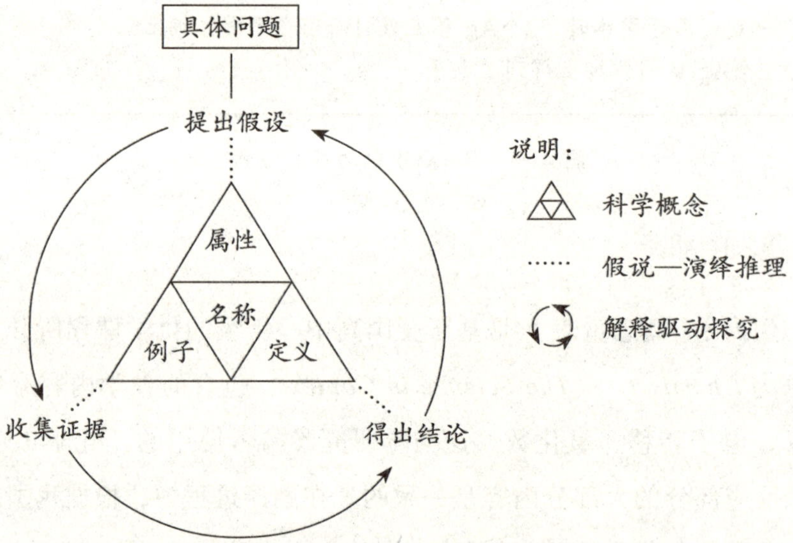

图 4-6　解释驱动探究促进科学概念学习的模型

图 4-6 中三角形部分代表的是科学概念，包括四个方面：名称、定义、例子、属性。虚线部分代表的是学生“假说—演绎推理”的思维活动，连接着科学概念的学习和探究活动的开展。

在课堂教学中，教师首先给学生提供丰富的例子，学生通过观察并且归纳出事物间的相似性，提出假设。

然后，学生应用“假说—演绎推理”，通过“如果—那么”的程序性知识演绎出预期的结果。学生寻找其他例子设计实验，将预测的结果和实际的结果进行对比，收集那些能够证实或者证伪假设的证据。

最后，学生将证据和假设通过推理建立起因果联系，得出结论。如果证据不能支持假设，那么就需要重新提出有关科学概念本质属性的假设，进入下一轮的探究活动，重新寻找科学概念的正例或反例，设计实验收集更多的证据。

科学概念的学习过程不是在名称与例子之间建立简单的联系，也不是机械记住科学概念的名称和定义；而是要求学生不断地思考，不断地对各种信息和观念进行加工转换、综合和概括，解释有关的现象以及提出新的假设和推论，并通过一定的方式对此作出检验，最终理解科学概念的本质属性。

解释驱动探究促进科学概念学习的心理机制主要表现为三个方面：

第一，提出概念本质属性的假设。概念例子之间的相似性是学生猜测科学概念本质属性的基础。通过对比例子的相同点和不同点，提出关于科学概念本质属性的一种猜想。在这个过程中，例子之间的相似性程度和例子的表面特征都会影响学生提出假设的过程。概念的属性不仅包括反映事物间必然的、稳定的和抽象的联系等本质特征，还包括一些偶然的、不稳定的和表面的联系等非本质特征。那么例子之间有多么相似，或者有多么不同，这对学生概念学习的影响是不同的。如果例子之间过于相似，那么学生就有可能把例子之间的表面特征认作是本质特征，从而出现错误的概念。例如，当学生观察到“NaCl 溶液导电”和“$MgCl_2$ 溶液导电”时，因为这两个例子太过相似，学生会产生“溶液导电”或者“含有氯离子的溶液导电”等一些错误的理解。然而，当例子之间的差别较大时，会增加学生的认知负荷，学生难以提出一个假设，这会阻碍学生科学概念的学习。例如，当学生观察到“熔融硫酸钡导电”和“NaCl 溶液导电”，因为这两个例子差别太大，加大了学生提出假设的难度。

第二，通过正反例收集检验科学概念本质属性的证据。对科学概念本质属性的猜测能够指导学生辨别和区分科学概念的例子。例子包括正例和反例，正例具备科学概念所具有的本质属性，反例是缺乏概念一个或者多个本质属性的例子。学生可以根据自己的经验、教师的指导及其他途径收集证据来验证自己对科学概念本质属性的猜想。例如，学生观察到“NaCl 溶液导电”和“$MgCl_2$ 溶液导电”时，猜测“所有溶液都是导电的”，如果所有溶液都是导电的，那么将乙醇或者蔗糖配制成溶液，也会出现导电的情况。于是学生就会亲自进行乙醇溶液或者蔗糖溶液导电的实验（或者学生通过查阅资料），观察到乙醇溶液和蔗糖溶液不导电，观察的结果与预期的结果是相违背的。因此确定“并不是所有溶液都导电，有些溶液导电，像 NaCl、$MgCl_2$ 的溶液；有些溶液不导电，像乙醇和蔗糖的溶液”。这对于理解电解质这一概念所属的物质类别将有重要的帮助。

第三，通过辩论总结科学概念的定义。学生对科学概念的本质属性进行的猜测是不同的，学生之间交流对科学概念的认识，相互评论对方的观点，然后在论证的过程中对科学概念的本质属性有了新的理解，最后学生通过自己的语言能够对概念的定义作出描述。这一过程涉及学生应用抽象逻辑形成概念，以及学生概括出感性材料特征、区分和确立标准属性等过程。例如，学生从“导电”“水溶液”“熔融”这些非本质特征中区分出“由离子构成的化合物”这一本质属性，并且能够将这一标准属性与“电解质”建立联系。

二、解释驱动探究的教学活动

（一）呈现丰富的例子

解释驱动探究目的是对具体问题的解释，具体问题不要求学生提出，一般是教师设计或者教科书中给定的。针对科学概念的学习，教师要给学生提供丰富的例子，概念例子的相似性程度和呈现方式会影响学生课堂中解释驱动探究活动的开展。研究指出：正例和反例同时呈现将会促进学生概念学习的效果。关于例子的呈现形式，可以是言语的、视觉的或者听觉的，研究表明整合不同形式的例子能够促进概念学习。

例如，针对电解质概念的学习中，山东科学技术出版社出版的《化学 1（必修）》第 2 章第 2 节的“联想·质疑”栏目中，给出一段文字材料：

“导电性实验表明盐酸、NaOH 溶液、NaCl 溶液具有导电性，而酒精水溶液、蔗糖水溶液不具有导电性，这是为什么？据此可以怎样对化合物进行分类？”

这段语言文字材料涉及“电解质”和“非电解质”两个概念，为了促进学生的概念学习，教师可以将材料转化成图片，并提供更加丰富的例子。为了让所设计的图片指向电解质概念的本质特征，首先呈现了盐酸、NaOH 溶液、NaCl 溶液导电的图片（图 4–7），并且给学生指出 HCl、NaOH、NaCl 等化合物属于电解质。之后根据学生对电解质的理解判断正反例，如图 4–8 所示。

图 4-7　电解质概念的问题情境

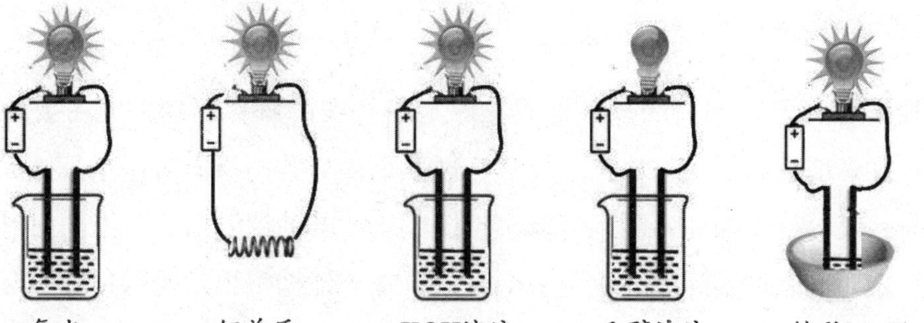

图 4-8　电解质概念的例子

提供什么例子对于科学概念的学习是最合适的，也是最有利于解释驱动探究的？变易理论在解释学生科学概念学习的质性差异时，将核心问题聚焦于从具体事例分离出普遍原理时推理具有多样性。从心理学的研究来看，这是对传统迁移理论的一种发展。传统迁移理论认为给学生提供相似的一类具体事例，学生就能够从中归纳出概念的本质特征，进而迁移到另外的事例或情境中去。而变易理论认为在具体情境中事例和概念是交织在一起的，学生很难将两者区分开来。例如，学生不容易从“NaCl 溶液导电”这一现象中分离出“电解质”这一概念。该理论假设若有两个反映同一概念且彼此之间有足够差异的事例，那么两者的共同之处及差异就能比较明显地区分开了。例如，从“氯化钠固体”和“硫酸钡固体”中分离出“电解质”这一概念比从“氯化钠固体”和“氢氧化钾固体”归纳出该概念更加容易。因为前者一种是可溶的而另一种是难溶的，“溶解性”这一非本质特征是变易的；而后者都是可溶的，“溶解性”这一非本质特征没有变化，所以前一种就比较容易获得电解质概念的本质特征。

变易理论指出在概念学习过程中学生由经验得到的具体事例及概念的非本质特征都会影响学生的推理过程，造成学生对概念的理解方式会有不同，从心理学的视角看这一现象也被认为是“归纳推理的多样性效应”。根据变易理论，学生在学习过程中要能够辨别出概念有限的几个本质特征是保持不变的，而非本质特征和具体事例会发生变易。学生只有体验了哪些特征不变，哪些特征变化，才能够更好地理解概念。该理论已经被广泛用来指导课堂教学，教师在概念教学中为学生提供概念的正例或者反例，都需要了解学生能够体验到“变易什么”或者“什么保持不变”，从这样一个新的视角审视课堂教学。

（二）组织探究的活动

根据解释驱动探究的教学框架，课堂中开展的解释驱动探究主要包括提出假设、收集证据和得出结论三个环节，这三个环节共同指向对一个具体问题的回答。与一般的科学探究不同，解释驱动探究所涉及的课堂活动都指向对具体问题的回答，提出假设实际上是确定一个观点，基于证据得出结论的过程实际上进行了推理的活动，这三个环节的开展受到“建构解释”这一核心实践活动所驱动。

科学概念学习的过程中，“提出假设”是指从给定的例子中对科学概念本质属性提出一种猜测。根据“假说—演绎推理”的要素，观察现象或者观察概念例子所具有的特征，并提出关于科学概念本质属性的假设，是“例子→属性”的活动过程。

“收集证据”是指基于学生的已有经验、借助教师的指导或者其他途径寻找科学概念的正例和反例。根据对科学概念本质属性的猜测列举出可能的正例或者反例，收集能够支持科学概念本质属性猜测的证据，是“属性→例子→标准属性”的活动过程。

“得出结论”是不断地深化及确定科学概念的本质属性，最终总结科学概念的定义，是“属性→定义”的活动过程。

以下分别对这三个环节的学习活动进行详细的描述。

环节一：提出假设，给学生提供一些例子，应当注意这些例子间的相似性和差异性。例如，呈现“氯水”和“KOH 溶液”导电的例子，因为两者都是溶液、都可以导电。学生根据例子的相似性，推猜“溶液是电解质”。两个例子之间也存在差异：氯水是由单质（氯气）溶于水形成的溶液，而 KOH 溶液是由化合物（KOH）溶于水形成的溶液。根据例子间的差异性，其他同学会猜想“化合物是电解质”。本活动设置的例子包括氯水、铜单质、KOH 溶液、乙醇溶液、熔融 $MgCl_2$，意图是引发学生对“电解质”这一概念的属性进行猜想，提出假设。

环节二：收集证据。学生通过其他例子来验证自己的猜想。例如，学生猜测“溶液是电解质”。当他观察到蔗糖溶液不导电这一现象时，就会将其作为证据，否定“溶液是电解质”这一猜测。

环节三：得出结论。学生之间通过交流，用证据说明自己的假设，或者评论他人的假设。最后对电解质概念的本质属性作出归纳和总结，并用自己的语言给出定义。

例如，对电解质概念学习设计的课堂探究活动如图 4-9 所示。

解释驱动探究

【提出假设】__________属于电解质。根据以上例子，我认为“电解质”必须具有的特征是____。

【收集证据】以下的证据可以支持上述假设：

【讨论后得出结论】其他同学与自己不一样的假设有哪些？通过同学之间的讨论，自己的假设产生了哪些变化？

经讨论，对“电解质”的定义是________________________________。

图 4-9　采用解释驱动探究学习电解质概念的活动设计

本研究基于解释驱动探究的教学策略，设计了《电解质学案》和《氧化还原反应学案》。学案可以供教师和学生使用，一方面作为教师解释驱动探究教学的指导框架，另一方面帮助学生主动地进行探究并建构起对科学概念的理解，指导和促进学生理解科学概念。教师版本和学生版本稍有不同，教师版本的学案具有一些预设的答案，而学生版本的学案没有。

第五章

解释驱动探究的教学效果

实践研究结果显示，解释驱动探究对学生科学概念学习产生了积极的影响，表现在学生概念理解水平的提高。在电解质和氧化还原反应的课堂学习中，学生根据对电解质和氧化还原反应的理解，围绕研究问题进行解释，在这一学习过程中概念理解水平得到提升。本章内容呈现了对学生概念理解测试的结果，说明解释驱动探究的影响；同时基于现象图析学的理论指导，提炼了不同层次学生在解释驱动探究中的概念理解方式，构建了学生电解质和氧化还原反应概念理解发展的进程。这些结果将有助于教师深入地了解学生的学习情况，对教师的进一步教学提供参考信息。

第一节 对概念理解水平的影响

一、概念理解的整体情况

实验组和控制组学生对电解质和氧化还原反应概念理解的整体情况如图 5-1 所示。

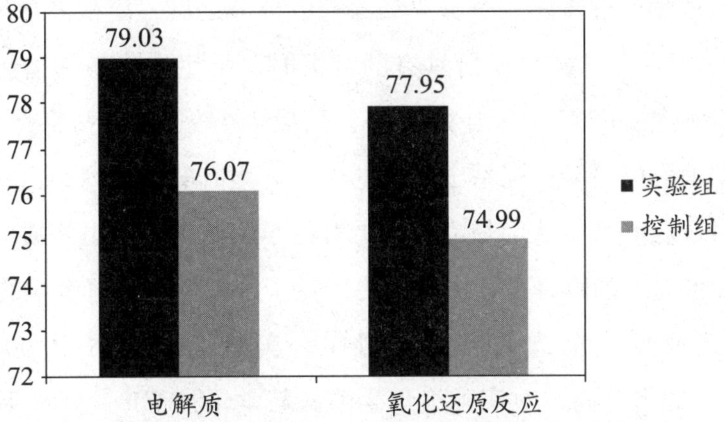

图 5-1 实验组和控制组概念理解的对比

在电解质概念理解的测量中，实验组（79.03 ± 8.60）比控制组（76.07 ± 10.24）平均得分高 2.96 分。由于前测时实验组学生的学业成绩比控制组要低，这说明实验组学生概念理解水平的提高是由于解释驱动探究引起的。根据独立样本 *t* 检验的结果，实验组和控制组学生的概念理解并不存在显著性的差异（$t=1.712$，$p=0.089>0.05$）。

出现这一结果，一方面是实验组学生已有知识基础的薄弱性，根据前测结果显示实验组学生学业成绩的平均分比控制组大约低 3.5 分，在一定程度上会影响他们对新概念的学习。另一方面是实验组学生没有掌握解释驱动探究这一学习策略。实验组的学生在电解质概念的学习中首次接触解释驱动探究，由于研究者事先并没有给学生讲授任何有关解释驱动探究如何开展的知识，学生缺乏探究的意识。学生受之前学习方式的影响，还是会参考教科书中概念的定义对问题作出回答，并且缺乏思考。

根据课堂观察发现，课堂学习前一段时间，学生参与解释驱动探究的积极性不高，当让学生猜测为什么有些溶液导电，有些溶液不导电时，学生会说“电解质导电”，如果继续追问他们回答的理由是什么，学生会说“书上就是这么写的”。这说明学生过分依赖教科书中概念的定义，认为只要记住教科书上的定义，就能够掌握概念，导致他们在概念学习过程中缺乏思考，很难从概念例子中抽象出概念的本质属性。根据控制组学生的表现，学生学习了概念定义之后，让他们判断概念例子时，往往出现困难，这说明学生缺少对概念标准属性的思考。

当实验组的学生逐步熟悉解释驱动探究的环节之后，便积极参与进来。当让学生提出“电解质”这类物质所具有的特征时，学生提出各种猜想，有些学生认为“电解质必须是可溶的化合物”，有些认为“酸、碱、盐都是电解质”等。然后学生根据他们的猜测，列举出更多的例子。当有的学生列举出碳酸钙、硫酸钡等化合物时，有的学生认为是电解质，有的学生认为不是电解质。于是出现争论，在相互评价对方的解释过程中，最终确定了溶解性不是电解质的本质属性。

在氧化还原反应概念理解的测量中，实验组（77.95 ± 9.00）比控制组（74.99 ± 6.39）的得分高。对实验组学生两次教学干预都产生了一致的结果，即实验组学生概念理解水平比控制组要高。另外，根据独立样本 t 检验的结果，实验组和控制组学生对氧化还原反应的概念理解存在显著性的差异（t=2.059，p=0.040<0.05）。这是由于氧化还原反应的教学干预在电解质概念学习之后的两周进行的，准实验研究具有“效应持续性”的特征，这表明了解释驱动探究对学生概念理解起到了积极的作用。

实验组的学生学习氧化还原反应时，根据学习材料能够有意识地进行探究，主要表现在他们会积极主动地猜测氧化还原反应所具有的特征，并且与同学进行讨论。根据学案提供的氧化还原反应的正例和反例，学生提出各种猜测，有的认为“只要有单质参与的反应就一定是氧化还原反应”，还有的学生猜测“离子反应不是氧化还原反应”。学生认为有单质参加的一类离子反应也是氧化还原反应，最终通过讨论并总结出电子转移导致元素化合价变化是氧化还原反应的本质特征。

二、概念理解水平的对比

（一）电解质概念理解水平的对比

学生对电解质概念的理解分为三个水平：第 1 水平，也是最低水平，学生能够区分电解质溶液和非电解质溶液，能够区分酸碱盐溶液中存在的微粒；第 2 水平，学生能够解释电解质溶液或者熔融电解质能够导电的原因，并能区分电解质的溶解过程和电离过程；第 3 水平，学生能够描述及解释弱电解质溶液中存在的微粒。将实验组和控制组在每个理解水平上的学生占有的百分比进行统计，具体如图 5-2 所示。

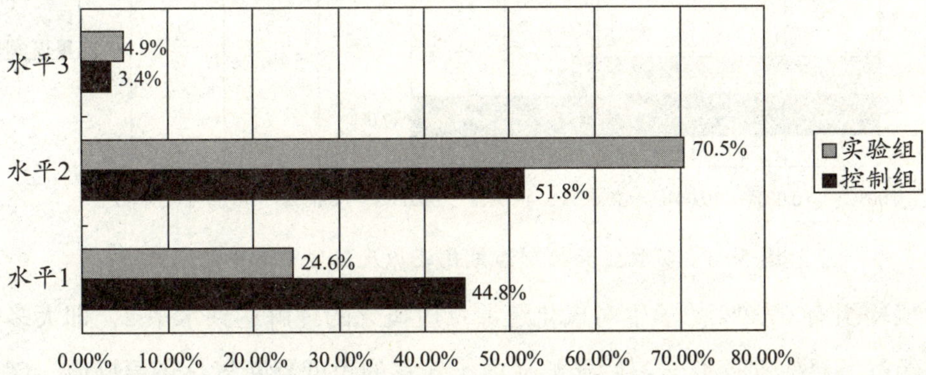

图 5-2　实验组和控制组电解质理解水平的对比

实验组有 70.5% 的学生对电解质概念的理解已经达到水平 2，即有超过 2/3 的学生能够解释电解质溶液或者熔融电解质能够导电的原因，并能区分电解质的溶解过程和电离过程；而控制组有一半的学生（51.8%）达到水平 2。经过电解质概念学习后，无论是实验组（4.9%）还是控制组（3.4%）的学生很少能够达到水平 3，学生不能够描述及解释弱电解质溶液中存在的微粒。控制组的学生学习了弱电解质，而实验组的学生因为解释驱动探究占据了大部分课堂时间，学案中第三个解释驱动探究活动——弱电解质的学习并没有得到很好的落实。这在某种程度上反映了学生概念理解的过程同时受到学生认知发展规律的限制，解释弱电解质溶液中存在的微粒涉及学生定量的意识，对一个事物从定性到定量的认识是要遵循认知发展规律的。

（二）氧化还原反应概念理解水平的对比

学生对氧化还原反应概念的理解分为两个水平：第 1 水平，学生能够从化合价的角度区分氧化还原反应，从氧化还原反应方程式的表面特征判断被氧化和被还原的物质；第 2 水平，学生能够从电子转移的角度判断氧化还原反应，区分溶液发生的氧化还原反应中离子的作用，能够描述氧化还原反应过程中电子转移的过程。实验组和控制组学生在氧化还原反应概念理解不同水平上的比例具体如图 5-3 所示。

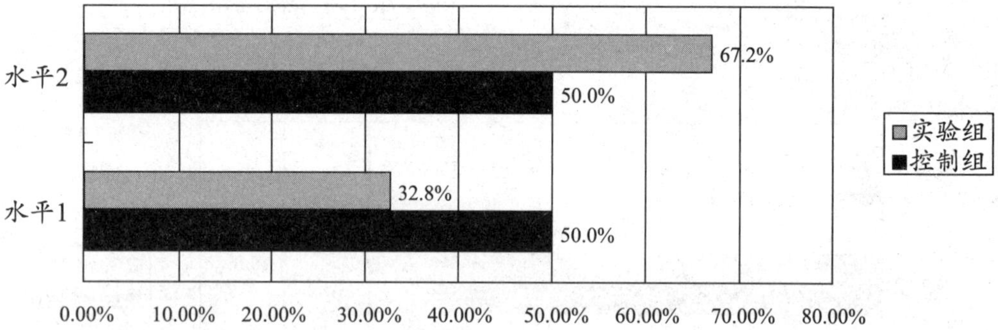

图 5-3　实验组和控制组氧化还原反应理解水平的对比

实验组有 67.2% 的学生对氧化还原反应概念的理解达到水平 2，即大多数的学生经过解释驱动探究学习后能够从电子转移的角度判断氧化还原反应，区分溶液中发生的氧化还原反应中离子的作用，能够描述氧化还原反应过程中电子转移的过程。控制组的学生经过一般教学后一半学生能够达到水平 2，而还有一半的学生在水平 1 上，从化合价的角度以及根据氧化还原反应方程式的表面特征判断氧化还原反应。

三、学生相异构想的对比

Rasch 模型能够分析实验组和控制组在每个项目上的表现情况。如果学生在某个项目上的能力分数比较低，说明学生没有达到对概念的深入理解，进而根据学生在该项目上的具体作答情况可以判断他们存在的相异构想。判断量表中每一个项目对实验组和控制组学生是否具有相同的难度，通过项目功能差异

（differential item functioning，简称 DIF）来检验。实验组和控制组学生对电解质概念理解的具体情况如表 5–1 所示。

表 5–1　　电解质概念理解的项目功能差异检验

Item	DIF[a] 分数	DIF[a] S. E.	DIF[b] 分数	DIF[b] S. E.	DIF 对比	Joint S. E	M–H prob.
Q1/Q2	87.72	3.13	89.69	3.44	−1.97	4.66	0.6577
Q3/Q4	38.06	6.73	42.43	5.49	−4.36	8.69	0.3157
Q5/Q6	95.62	3.52	94.31	3.72	1.31	5.12	0.7215
Q7/Q8	69.79	3.18	69.79	3.19	0.00	4.51	0.6189
Q9/Q10	35.50	7.24	28.99	8.02	6.52	10.80	0.4444
Q11/Q12	69.46	3.18	72.77	3.14	−3.31	4.47	0.5368
Q13/Q14	81.92	3.00	84.01	3.21	−2.09	4.40	0.4571
Q15/Q16	103.14	4.14	110.71	5.54	−7.57	6.92	0.7140
Q17/Q18	70.94	3.14	64.58	3.39	5.91	4.62	0.6548
Q19/Q20	59.91	3.76	59.91	3.64	0.00	5.23	0.4543
Q21/Q22	80.99	3.00	77.32	3.12	3.67	4.32	0.2882
Q23/Q24	69.98	3.16	71.22	3.17	−1.24	4.48	0.9106
Q25/Q26	85.73	3.07	77.82	3.12	7.91	4.37	0.0428*
Q27/Q28	80.06	2.99	82.94	3.19	−2.89	4.37	0.4359
Q29/Q30	94.98	3.48	99.05	4.11	−4.06	5.38	0.9889

注：a实验组学生，b控制组学生。

*$p < 0.05$。

根据表 5–1，在对 Q25/Q26 项目的作答上，实验组学生得分比控制组学生高 7.91 分，这个数值在统计学上具有显著性的差异。研究者认为在测量具有相同背景学生的概念理解时，造成项目功能差异的原因是不同教学产生的效果。Q25/Q26 项目考查的是学生对“难溶盐是否为电解质”的判断，控制组学生的能力分数比较低，发现他们的相异构想是“难溶的盐在水溶液中不导电，所以难溶盐不属于电解质”，而实验组的学生能够区分溶解性不是电解质的本质属性。这一结果说明了采用解释驱动探究学习电解质概念能够帮助学生澄清“溶解性”这一干扰因素的影响。根据课堂观察，学生通过解释“溶液的导电性”猜测盐溶液是导电的，某些学生指出一些难溶的盐溶液很难观察到导电现象，然后讨论难溶的盐是否属于电解质，在相互评价对方的解释中最终区分了溶解性不是判断电解质概念的本质属性。

实验组和控制组学生对氧化还原反应概念理解的具体情况如表 5–2 所示。

表 5-2　　氧化还原反应概念理解的项目功能差异检验

Item	DIF[a] 分数	DIF[a] S. E.	DIF[b] 分数	DIF[b] S. E.	DIF 对比	Joint S. E	M-H prob.
Q1/Q2	40.53	7.15	40.53	7.10	0.00	10.08	0.5392
Q3/Q4	62.67	3.30	54.05	4.04	8.62	5.22	0.1252
Q5/Q6	66.75	3.04	65.62	2.94	1.13	4.23	0.9394
Q7	74.36	2.76	70.53	2.75	3.82	3.90	0.1171
Q8	87.74	2.93	88.19	3.18	−0.45	4.33	0.7653
Q9	71.97	2.82	84.40	2.93	−12.43	4.07	0.0096*
Q10	100.00	4.70	91.59	3.50	12.74	5.86	0.1177
Q11	90.51	3.09	87.18	3.11	3.33	4.38	0.2415
Q12	72.77	2.80	69.76	2.77	3.02	3.94	0.3530
Q13	100.4	4.07	92.89	3.64	7.55	5.46	0.7057
Q14	71.97	2.82	61.80	3.20	10.17	4.26	0.0076*
Q15	50.51	4.07	33.41	9.90	17.10	10.98	0.0762
Q16	69.45	2.91	83.53	2.89	−14.08	4.10	0.0001**
Q17	87.74	2.93	87.18	3.11	0.56	4.27	0.6969
Q18	72.77	2.80	84.40	2.93	−11.62	4.05	0.0016*

注：a实验组学生，b控制组学生。

$*p < 0.01$。$**p < 0.001$。

根据表5-2，在Q9、Q16和Q18项目上，控制组学生得分比实验组学生要高，在统计学上存在显著性的差异。这三个题目都是考查水溶液中发生的氧化还原反应，包括 Fe 和 $CdSO_4$ 溶液以及 Cu 和 $AgNO_3$ 溶液中的电子转移。这一结果看似控制组学生更容易判断溶液中发生的氧化还原反应，然而通过课堂观察发现，控制组的教师给学生提供大量在水溶液中发生氧化还原反应的例子，并让学生运用化合价的变化进行分析和判断。这不能确定控制组学生对氧化还原的概念理解比实验组要高，这种结果极大可能是由学生大量练习导致的。

这一推测通过两组学生在 Q14 项目上的表现可以证实。Q14 项目考查的是甲烷燃烧过程中的电子转移，物质燃烧属于非水溶液中发生的一类氧化还原反应。实验组学生得分比控制组学生要高 10.17 分，在统计学上具有显著性的差异。具体分析两组学生在该项目上的表现，实验组学生能够从电子转移的角度描述氧化还原反应发生的过程，而控制组学生难以判断该反应是否属于氧化还原反应。这反映了控制组学生对非水溶液发生的氧化还原反应存在模糊和不确定。虽然控制组学生对水溶液中的氧化还原反应理解很好，但是没有形成良好的迁移。

在解释驱动探究中，学生根据对氧化还原反应的理解积极寻找氧化还原反应的例子，而不是像控制组那样局限在教师所讲授的溶液中发生的一类氧化还原反应。所以在判断甲烷燃烧的反应时，实验组学生能够从电子转移的角度判断该反应属于氧化还原反应，而控制组学生由于对甲烷中碳元素和氢元素的化合价判断不准确，导致他们在判断该反应是否属于氧化还原反应时出现困难。这一结果也表明解释驱动探究促进了学生对氧化还原反应概念的理解和迁移。

解释驱动探究增进了学生对科学概念的理解和迁移。本研究通过准实验设计，在一段时间里对实验组学生进行了电解质概念学习的干预和氧化还原反应概念学习的干预。与控制组对比，两次干预都提高了实验组学生的概念理解，并且在第二次干预之后两组学生的概念理解出现了显著性的差异。作为外显的探究活动，解释驱动探究通过引导学生提出假设、收集证据和得出结论的过程，一方面让学生通过积极的思维活动，在已有概念理解的基础上建构新概念，实现概念的良好迁移；另一方面让学生体验到科学概念是如何建构起来的，知道科学概念学习不是简单地记住定义，而是借助对问题或现象的解释进行积极思维才能够实现。准实验设计由于没有破坏学校原有的班级结构，得到的这一结果现实代表性较高。

解释驱动探究消除了学生的某些相异构想。当前中学生对教科书中科学概念的定义进行言语信息加工时，往往在“电解质”和“导电的物质”，以及“氧化还原反应”和“化合价变化”间建立起简单的联系。通常具有的错误概念是“电解质是导电的物质”或者“导电的物质是电解质”，“氧化还原反应仅仅是元素化合价发生变化的反应，元素化合价一般通过离子电荷数来判断”。通过解释驱动探究，学生能够辨别出溶解性和导电性不是电解质概念的本质属性，能够从电子转移的角度描述氧化还原反应发生的过程。在解释驱动探究的过程中，学生实现了概念转变，增进了对科学概念的深入理解。

第二节　学生概念理解的几种方式

学生采用解释驱动探究学习电解质和氧化还原反应概念的过程中表现出一些质性不同的理解方式，通过总结访谈的结果，发现学生对概念理解存在四种方式，分别是“形成词语联想”“建立知识联系”“获得概念意义”和“实现概念迁移”。

一、形成词语联想

学生在概念的名称与例子之间建立起联系，这种联系仅仅是将表示概念的词语和具体指代物之间简单联结的过程，学生倾向于回忆课堂上学习的情景或者教科书中的内容来描述对概念的理解。

例如，学生将“电解质”这一概念名称与“氯化钠溶液”关联起来。当要求学生举出电解质的例子时，学生能够快速地回答“氯化钠溶液”。但是要求学生进一步解释或者举出更多的例子时，学生就会出现困难不会立即回答，容易出现支支吾吾的情况。例如，对E-52学生进行电解质概念理解访谈的结果：

（I代表访谈者）

I：你列举出一个电解质的例子。

E-52：氯化钠溶液。

I：你为什么认为它是一个电解质?

E-52：为什么是一个电解质……因为课上小组讨论交流的时候讨论了，电解质是在水溶液中或熔融状态下可以产生电的化合物。

再如，要求学生列举出氧化还原反应的例子，他们会立即想到有“氧气”或者“氧化物”参加的反应。但是当深入地问该氧化还原反应中电子转移时，学生则会转向寻找教科书中或者课堂上的例子。例如，对E-52学生进行氧化还原反应概念理解访谈的结果：

I：写出一个氧化还原反应。

E−52：

$2Cu + O_2 \xlongequal{\triangle} 2CuO$

……

I：你能描绘一下这个过程中电子是怎么移动的吗?

E−52：嗯，我想想啊…………可以换一个吗?

I：可以。

E−52：

$ZnSO_4 + Fe \xlongequal{} FeSO_4 + Zn$

$Zn^{2+} + SO_4^{2-} + Fe \xlongequal{} Fe^{2+} + SO_4^{2-} + Zn$

$Zn^{2+} + Fe \xlongequal{} Fe^{2+} + Zn$

I：你解释一下这个氧化还原反应中电子是如何转移的。

E−52：把铁放到硫酸锌溶液中，然后那个离子的反应就是嗯，锌离子加铁原子生成了铁离子和锌原子。因为，那个，当时是，开始，那个，反应物中铁是铁原子，锌在硫酸锌中它是锌离子和硫酸根离子，然后它们反应生成以后生成硫酸亚铁和锌。然后，在生成物中锌是一种单质，然后硫酸亚铁中铁是 +2 价的，哦，对，铁是 +2 价。哦，对，哦，不对！哦，铁是 +2 价。然后它是，硫酸亚铁是铁离子，额，亚铁离子和硫酸根，然后，嗯，就是锌离子开始，反应物中锌离子带的两个电荷然后给了铁离子，哦，铁单质。然后铁就带上两个电荷。

形成词语联想还表现为学生将词语和混合的知觉建立起联系，学生头脑中对概念的印象是表象和知觉混合在一起的形象，所对应的指代物往往是在某个空间或者时间上各种因素相互混合的结果。例如，学生往往不能够将“氯化钠”“溶液”“导电”这些特征在同一时刻将它们分离开来，于是这些知觉的混合体便与“电解质”这一概念名称建立起联系。例如，对 E−48 学生访谈的结果：

I：列举出一个电解质的例子。

E−48：就是氯化钠溶于水之后可以导电。

I：在这个过程中什么是电解质?

E-48：氯化钠是电解质。

I：你为什么认为它（氯化钠）是一个电解质呢？

E-48：溶于水之后可以导电。

I：你说一下电解质的定义。

E-48：就是在溶液中或熔融状态下可以导电的物质就是电解质。

I：你解释一下氯化钠溶液导电的原因。

E-48：嗯……

二、建立知识联系

这类概念理解方式显示了学生能够将概念与已有的知识建立起联系，这种联系往往依靠的是联想学习，可以从任意的内容和方面对概念产生联系，主要体现为学生的具体思维。因此，有些联系可能没有逻辑性，并未显现出科学概念的本质属性，所以建立知识之间的联系与科学概念的获得是存在差距的。例如，对E-04学生访谈的结果：

I：你列举出一个电解质的例子。

E-04：嗯，氢氧化铝，嗯，氯化钠、氢氧化钠。

I：以氢氧化铝为例，你为什么认为它是一个电解质呢？

E-04：嗯，氢氧化铝溶液可以导电，并且它里面有氯离子，氯离子也可以导电。

I：刚才我没有听清楚，能再说一下氢氧化铝溶液中含有什么离子吗？

E-04：氯离子。

I：你自己给电解质下一个定义。

E-04：电解质是在溶液中或熔融状态下可以导电的化合物。

I：刚才你说氢氧化铝溶液它是导电的，请你解释一下它为什么会导电？

E-04：嗯，它在溶液中，分子扩散，水进行到里面，嗯……然后水把里面的分子分解成离子，然后有可以流动的电流，可以导电。

I：氢氧化铝在溶液中是一种沉淀，那这个导电现象你能看得到吗？

E-04：看得不是特别清楚，只有一小部分导电。

在课堂上并没有特别指出“氢氧化铝”是电解质，学生能够将两者建立联系，是有别于形成词语联想这种理解方式的。但要求学生解释什么氢氧化铝属于电解质的时候，学生的解释就缺乏逻辑性，一是认为氢氧化铝溶液中含有氯离子（根据录音学生说氢氧化铝的铝时发三声，而说氯离子的氯时发四声），推测学生认为溶液中含有氯离子和钠离子都是导电的，而根据声音的相似性在已有知识中与氢氧化铝建立起联系，这种思维方式显示出学生虽然能够建立知识的联系，但是这种联系并没有体现概念的本质属性。

再如，对 E-52 学生进行氧化还原反应概念理解的访谈中，学生根据“有化合价变化的反应为氧化还原反应”，认为单质中的元素没有化合价，变成化合物之后才有化合价，这是学生将“化合价”和“化合物”片面地建立起联系。

I：写出一个氧化还原反应。

E-52：

$$2Cu + O_2 \overset{\triangle}{=\!=\!=} 2CuO$$

I：解释一下它为什么是一个氧化还原反应。

E-52：当它是生成物的时候，铜是，化合价是 0 价，氧气也是 0 价。

I：是生成物的时候吗？

E-52：哦，不对，是反应物的时候，反应物。当它加热以后变成了那个，生成了氧化铜，它的铜变成了 +2 价。铜是 +2 价，氧是 −2 价。它的化合价有变化。从 0 价，到有价了，就是氧化还原反应。

I：氧化还原反应的实质是什么？

E-52：化合价的变化。

I：刚才你解释了化合价的变化，是什么导致了它的化合价发生变化？

E-52：嗯，应该是，嗯，电子，移动，转移。

三、获得概念意义

这种理解方式显示了学生在概念和已有知识间建立起本质的联系，这些联系反映了概念的标准属性，主要借助学生的逻辑思维完成的。学生能够通过自己的语言对概念作出描述并概括概念的定义，具体表现为学生能够区分概念的本质属性和非本质属性。例如，学生对电解质概念的理解能够从“导电”“水溶液”“熔融”这些非本质特征中区分出“由离子构成的化合物”这一本质属性。例如，对E–25学生电解质概念理解访谈的结果：

I：你列举出一个电解质的例子。

E–25：氯化钠。

I：你为什么认为它是一个电解质呢?

E–25：我感觉它……应该……熔融的时候都是离子，一个钠离子，一个氯离子。感觉比较活泼吧。

I：能具体说一下你所说的“活泼”是什么意思?

E–25：就是感觉有两个小球分开了，就是感觉它是那么存在的。

I：你给电解质下个定义。

E–25：嗯，电解质……就是……就是在某些状态下存在阴离子和阳离子，两种离子，同时存在，然后产生物理上那种效果。

I：你所说的物理上的效果指的是什么效果?

E–25：就是有一个阴离子和一个阳离子共同存在，然后能够导电，应该就是这样吧。

学生在描述概念时大部分使用的是自己的语言。例如，他将“导电”看作是一种“物理上的效果”；将氯化钠的电离描述成“小球分开”，这个过程暗示了他应用了道尔顿的原子模型解释电离现象；最后用自己的语言总结了电解质的定义。虽然在学生的描述中也出现了一些不合理的解释，如“两个小球分开了”，由此推测学生认为氯化钠是分子，但这是由于学生对物质构成没有深刻的理解，并不是对电解质概念没有理解，所以认为学生基本掌握了电解质的概念。

再如，在学习氧化还原反应过程中，能够从原子结构的理解分析氧化还原反应过程中电子转移的过程。对E–25学生氧化还原反应概念理解访谈的结果：

I：写出一个氧化还原反应。

E–25：

$2K + H_2SO_4 = K_2SO_4 + H_2\uparrow$

I：你为什么认为它是一个氧化还原反应?

E–25：这个钾从0价变成了……变成了–1价，哦，+1价。然后氢气从+1价变成了0价。

I：说一下氧化还原反应的定义。

E-25：忘了。

I：这个反应的实质是什么？

E-25：实质？实质就是，实质是什么？

I：就是什么使它产生了这种化合价的变化？

E-25：离子的转换。

I：你所指的离子是指哪一种离子？

E-25：电子。电子的什么，就是运动。

I：电子是怎么运动使元素的化合价产生的变化？

E-25：钾里面的一个负电子，然后跑到氢的这里面去了，然后它就变成0了，它变成了+1。然后它们又结合在一起了。

四、实现概念迁移

这种理解方式反映学生不仅获得了概念，而且还能够将概念和其他概念间建立起联系，形成概念网络、实现概念的迁移，这种联系显示了概念理解的一种发展。例如，对E-31学生访谈的结果：

I：你列举出一个电解质的例子。

E-31：电解质的例子？氯化钠。

I：你为什么认为氯化钠是一个电解质？

E-31：它就是如果溶于水的话，氯化钠就是分离之后就成离子，然后离子是能导电的，带电荷。

……

I：如果向氯化钠溶液中加入氢氧化钾晶体，你猜测一下这个时候的导电性与之前有什么变化？

E-31：和氯化钠反应吗？

I：你的意思是氯化钠和氢氧化钾反应吗？你觉得它们反应吗？

E-31：应该不反应。那导电性应该会加强吧。

I：为什么呢？

E-31：因为它又加入了新的离子，它们之间又不反应，所以说钠离子、氯氧根离子、氯离子、钾离子也是带电荷的，它们之间又不发生反应，所以说增强。

对访谈内容的分析来看，学生不仅理解了电解质的概念，表现为学生通过思考之后能够准确地说出电解质的例子，并且能够区分电解质溶于水后发生电离，产生导电的离子。而且能够将电解质和电离、离子反应等相关概念联系起来解决一些问题，表现为当要求学生解释“向氯化钠溶液中加入氢氧化钾晶体时导电性变化时”，学生能够从反应的角度思考溶液中离子的变化，不仅描绘了电解质电离的过程，同时与之后“离子反应”的概念建立起联系，这对之后的学习起到重要的促进作用。

本研究通过现象图析学的方法发现学生采用解释驱动探究学习科学概念时存在四种理解方式，分别是“形成词语联想”“建立知识联系”“获得概念意义”和“实现概念迁移”。这几种理解方式伴随着学生对电解质概念和氧化还原反应概念的理解过程。“形成词语联想”是指学生将概念的名称与例子建立起联系，这种联系仅仅是将表示概念的词语和具体指代物之间简单联结的过程，学生倾向于回忆课堂上学习的情景或者教科书中的内容来描述对概念的理解。“建立知识联系”这类概念理解方式显示了学生能够将概念与已有的知识建立起联系，这种联系往往依靠的是联想学习，可以从任意的内容和方面对概念产生联系，主要体现为学生的具体思维。因此，有些联系可能没有逻辑性，并未显现出科学概念的本质属性，所以建立知识之间的联系与科学概念的获得是存在差距的。“获得概念意义”这种理解方式显示了学生在概念和已有知识间建立起本质的联系，这些联系反映了概念的标准属性，主要借助学生的逻辑思维完成的。学生能够通过自己的语言对概念作出描述并概括概念的定义，具体表现为学生能够区分概念的本质属性和非本质属性。“实现概念迁移”这种理解方式反映学生不仅获得了概念，而且还能够在概念和其他概念间建立起联系，形成概念网络、实现概念的迁移，这种联系显示了概念理解的一种发展。

第三节　概念理解的进程

一、电解质概念理解的进程

需要再次指明，现象图析学的方法是对质性不同的理解方式进行分类，而不是对学生进行类别的划分。虽然针对的是少数学生，但是这些学生具有针对性，得到的结果具有概括性和一般性。在本研究中对 8 名学生的访谈数据进行处理，总结归纳出解释驱动探究中学生对电解质概念理解的描述类别，如表 5-3 所示。

表 5-3　　电解质概念理解的描述类别

水平	描述类别	例子
水平 3 能够描述及解释弱电解质溶液中存在的微粒	非电解质是弱电解质	糖类的溶液导电性比电解质弱（E-04）
水平 2 能够解释电解质溶液或者熔融电解质能够导电的原因，并能区分电解质的溶解过程和电离过程	溶液导电性与离子有关系	先判断溶液中电解质之间是否反应再分析导电性（E-31） 两种电解质混合后会反应（E-48）
	溶解即发生电离	电解质晶体溶解变成相应的阴、阳离子（E-44）
	水分子进入到电解质内部	电解质溶于水，水分子运动把晶体拆开（E-44） 电解质被运动的水分子分解成相应的离子，电解质变成离子后能够在水中游动。构成液体的微粒是运动的，构成固体的微粒是不动的（E-52） 水分子把构成电解质的离子带走（E-31） 水进入到电解质晶体里将分子分解成离子，水分子把电解质的离子提出来（E-04）
	电离是电解质与水反应	电解质电离的过程是与水发生反应，但是水与电解质在溶液中产生的离子没有关系（E-10）
	溶解后电离	电解质形成溶液后再电离（E-04，E-17）
	离子就是电	电解质溶于水分离成离子，离子带电荷能够导电，离子就是电（E-31） 离子就是电，电流将电荷带来带去（E-25）

（续表）

水平	描述类别	例子
水平 1 能够区分电解质溶液和非电解质溶液，能够区分酸碱盐溶液中存在的微粒	电解质是由离子构成的物质	电解质溶于水分离成离子，离子结合在一起构成电解质（E-31） 电解质由离子构成（E-48） 电解质是某些状态下存在阴离子和阳离子（E-25）
	电解质是一种导电的状态	所有电解质溶于水都导电，但是不清楚导电原因（E-44） 产生电的溶液是电解质（E-52） 所有电解质溶液都导电（E-04） 电解质是在水溶液中或熔融状态下导电的化合物（E-48） 溶液是电解质（E-17）
	非电解质阻碍导电性	向电解质溶液中加入非电解质，会阻碍电解质的导电性（E-44） 不知道非电解质溶液有什么特性（E-48） 向电解质溶液中加入非电解质导电性减弱（E-17） 糖类的溶液导电性比电解质弱（E-04）
	电解质在水中能够产生离子	向一种电解质溶液中加入另一种电解质，导电性增强（E-44） 向一种电解质溶液中加入另一种电解质，离子增多，移动更加活泼（E-52）

注：例子有些是学生的访谈实录，有些是初级编码。

根据这些描述类别，呈现了采用解释驱动探究学习的学生对电解质概念理解的进程，如图 5-4 所示。

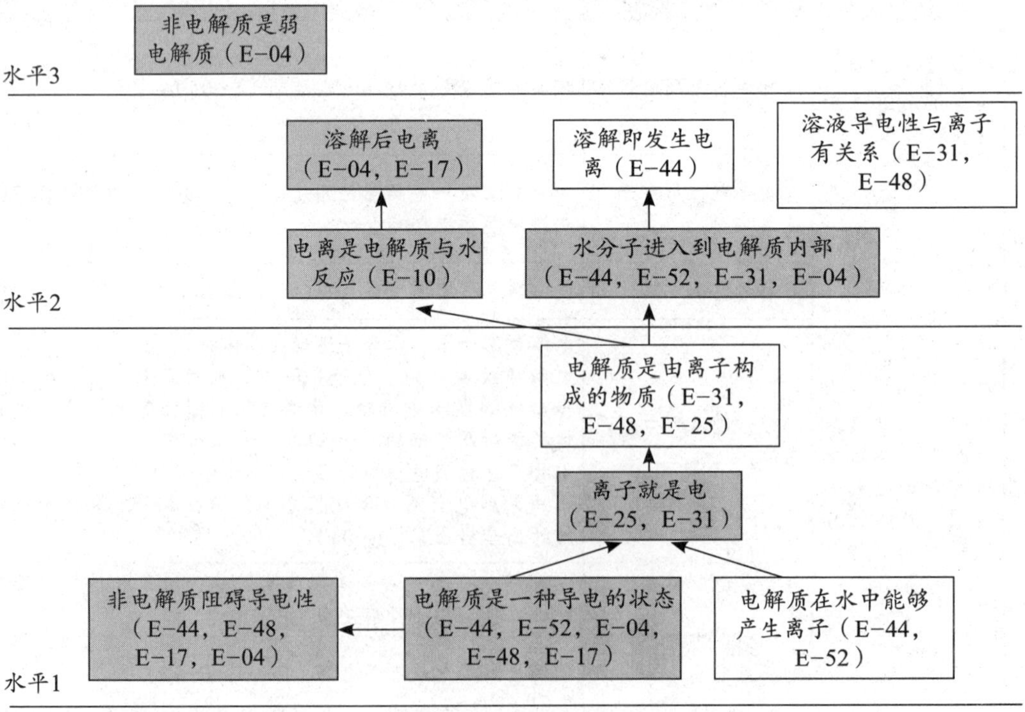

注：灰色方框代表学生产生的相异构想，箭头表示学生对电解质概念从一种理解到另一种理解，编号对应被访谈的学生。

图 5-4　电解质概念理解的进程

学生理解电解质概念的整体进程是：首先“将电解质看作是一种导电的状态”，没有从物质的角度认识电解质。虽然知道“电解质在水中能够产生离子”，但是认为“离子就是电”，显示了学生对“电解质”“电”“离子”的认识是模糊的。接着，能够从物质的角度认识到“电解质是由离子构成的物质”，低水平的学生（E−10，E−17）认为“电离是电解质与水发生反应”，认为电解质溶解之后才发生电离；高水平的学生能够意识到可溶性的强电解质溶解的过程就是电离的过程，但是在描述电解质电离时具有一定的相异构想，认为“水分子进入到电解质内部使得电解质结构遭到破坏”。并且对液体和固体状态的物质存在相异构想，认为“构成液体的微粒是移动的，而构成固体的微粒是不移动的”。这体现了学生将物质宏观的性质迁移到微观特性上来。

二、氧化还原反应概念理解的进程

对 8 名学生的访谈数据进行处理，总结归纳出解释驱动探究中学生对氧化还原反应概念理解的描述类别，如表 5−4 所示。

表 5−4　　　　　氧化还原反应概念理解的描述类别

水平	描述类别	例子
水平 2 学生能够从电子转移的角度判断氧化还原反应，区分溶液发生的氧化还原反应中离子的作用，能够描述氧化还原反应过程中电子转移的过程	电子转移过程由原子结构决定	钾里面的一个负电子，然后跑到氢的这里面去了，然后它就变成 0 了，它变成了 +1。然后它们又结合在一起了（E−25）
	化合价的变化代表了电子转移的过程	氢原子的一个电子给了一个氧原子（E−44） 铁由 0 价变到 +2 价，氢由 +1 价变到 0 价，实现了电子的得失（E−10，E−04）
	物质之间能够发生化学反应	首先要判断物质之间是否能够发生反应，然后从化合价变化判断是否为氧化还原反应（E−25）
	电荷是化合价	反应物中锌离子带的两个电荷然后给了铁单质，铁就带上两个电荷（E−52）

（续表）

水平	描述类别	例子
水平 1 学生能够从化合价的角度区分氧化还原反应，从氧化还原反应方程式的表面特征判断被氧化和被还原的物质	元素化合价升高的为氧化反应，降低的为还原反应	铁的化合价从 0 价变成了 +2 价，是氧化反应，然后铜是由 +2 价变成了 0 价，化合价减小，所以是还原反应（E-48）
	元素化合价有升高和降低的反应为氧化还原反应	一种元素的化合价升高，另一种元素的化合价降低（E-44，E-10，E-17）
	有元素的化合价升高或者降低的反应为氧化还原反应	有氧气参与的反应，氧元素的化合价降低，为氧化还原反应（E-04） 除氧气之外的单质参与的反应，化合价升高，为氧化还原反应（E-52，E-31，E-48，E-17） 构成单质的元素没有化合价，变成化合物之后有化合价（E-52，E-17）

注：例子有些是学生的访谈实录，有些是初级编码。

根据这些描述类别，呈现了学生解释驱动探究中对氧化还原反应概念理解的进程，如图 5-5 所示。

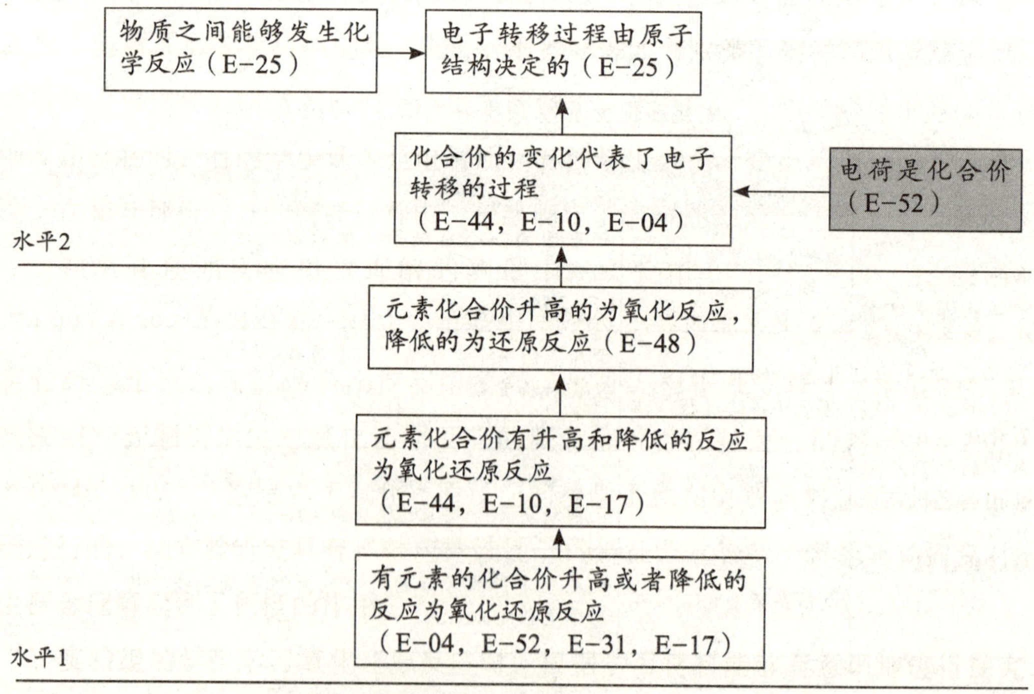

注：灰色方框代表学生产生的相异构想，箭头表示学生对氧化还原反应概念从一种理解到另一种理解。编号对应被访谈的学生。

图 5-5　氧化还原反应概念理解的进程

学生理解氧化还原反应概念的整体进程是：首先根据化合价来判断反应是否属于氧化还原反应。在概念理解之初，有些学生只关注到反应中化合价升高或者降低的元素。有的（E-04）认为有氧气参与的反应，氧元素的化合价降低，所以为氧化还原反应；有的（E-52，E-31，E-48，E-17）认为除氧气之外的单质参与的反应，化合价升高，为氧化还原反应。其中一些学生（E-52，E-17）表现出相异构想，认为构成单质的元素没有化合价，变成化合物之后有化合价。接下来学生能够综合考虑一个氧化还原反应中元素化合价的升高和降低，并能够区分化合价升高的为氧化反应，化合价降低的为还原反应。接着能够从电子转移的角度理解氧化还原反应的过程，开始学生还是倾向于从化合价的角度分析电子的转移，将化合价的变化和电子的转移看作是一回事，有些学生对溶液中发生的氧化还原反应产生相异构想，认为“离子所带电荷是化合价”。之后学生能够从物质结构出发理解物质之间发生的氧化还原反应，达到从电子转移的视角理解氧化还原反应。

第六章

科学概念教学的建议

科学学习不是记忆事实，而是理解概念。本书第一章指出当前中学课堂典型的概念教学，即教师把科学概念看作是没有争议的事实讲授给学生，忽视了科学概念是如何产生的。通过实践的检验，解释驱动探究的教学策略在某些程度上可以解决这个问题。本章针对解释驱动探究对学生概念学习的效果，给教师提供了一些建议，包括科学概念教学的建议和开展探究教学的建议。另外，本章还对科学概念学习领域的研究进行了展望，让研究者更多地了解科学学习心理研究的成果。

第一节 概念教学的建议

一、重视学生概念理解的进程

概念理解不是一蹴而就的，记忆事实不是概念理解，仅仅是概念理解的第一个阶段。通过实践，发现不同层次的学生在解释驱动探究中对概念的理解有几种不同的方式，有“形成词语联想”“建立知识联系”“获得概念意义”“实现概念迁移”。这几种理解方式之所以不同，是因为不同层次的学生处于概念理解的不同水平或者概念发展的不同阶段。例如“形成词语联想”往往是那些对概念理解处于低水平的学生理解概念的一种方式。

在概念教学中，要关注到不同概念理解水平的学生，了解他们在科学概念学习时可能的理解方式。最好的教学并不是在一节课中让所有学生都达到概念理解的最高水平，这也很难实现。最好的教学是让不同层次的学生在已有的概念理解水平上有所提高，注重概念学习的进阶性。

维果茨基指出儿童在科学概念形成过程中必须具备两个因素：感性材料和词语。通过概括、提炼和分析感性材料能够形成概念，这个过程要借助相应的词语来表达概念。脱离了感性材料的概念学习，将会变成一种纯粹的言语活动，无法获得概念的意义；所以用一个词去解释另一个词语的时候，并不是真正的概念，仅仅通过概念的定义学习概念也很难获得概念的意义。他反复强调概念形成的时刻是学生认识到一个词的意义，但是概念发展的过程并不是就此结束，而仅仅是开始。他构建了概念发展的三个阶段，如表 6-1 所示。

表 6-1　　　　概念发展的阶段

阶段	特征	类别
第 1 阶段 组合阶段	名称和例子建立起联系	1. 词语和指代物体建立联系 2. 词语和混合的知觉建立联系 3. 词语与已有知识中的其他指代物体建立联系
第 2 阶段 概括阶段	名称与非标准属性建立起联系	4. 将概念名称与已有知识建立非本质联系 5. 在感性材料间建立非本质联系 6. 名称与例子和已有知识建立非本质联系 7. 在几条非标准属性间建立联系 8. 假概念
第 3 阶段 形成阶段	名称与标准属性建立起联系	9. 从一系列特征中确定标准属性 10. 能够自己概括定义描述出概念

（一）组合阶段

组合阶段是概念发展的第一个阶段，指的是将指代概念的词语（即概念的名称）与指代物之间建立起联系的过程。第一种类型是学生将例子与概念名称建立起关联。例如，学生将“电解质”这一概念术语与“氯化钠固体”等化合物关联起来就是合理的，如果学生将“电解质”与“氯化钠溶液”联系起来，就出现相异构想或者错误概念。在访谈中发现当要求学生举出一个电解质的例子时，学生快速地想到“氯化钠溶液”，但是进一步让学生解释为什么氯化钠溶液是电解质或者举出更多的例子时学生出现困难，不会立即解释，出现支支吾吾的现象。

在组合阶段，学生对概念的印象是一个表象和知觉混合在一起的形象。概念发展的这一阶段，学生对概念所指的东西是模糊的，形成的知觉往往是在某个空间或者时间上各种因素相互混合的结果。例如，在电解质这一概念的学习中，根据教科书中的定义“在水溶液或熔融状态下能够导电的化合物”，学生往往将“电解质”与“氯化钠”“溶液”“导电”这些特征混合。例如，在访谈中发现，当问学生：“为什么你认为氯化钠溶液是电解质呢？”学生回答：“因为它能够导电。”接着问学生：“导电的物质就是电解质吗？”有的学生会说：“是！”这显示了学生对概念形成的是一个混合的表象。再如，还有的学生会认为“导电的物质不一定是电解质，比如铜，因为它没有溶液”。

在中学课堂教学中，很多教师在讲授一个新概念的时候，让学生在概念和具体的例子之间建立起联系并且记住概念的定义就结束了，实际上这只是概念发展的最初阶段。

（二）概括阶段

概括阶段是概念发展的第二个阶段，在这个阶段学生的思维与第一阶段产生根本性的变化。学生已经将概念的术语与众多代表物之间建立起联系，但是学生并没有掌握概念本身。这个阶段学生需要概括并抽象出概念代表物之间的共同特征，然而必须指出的一点是：学生很难一次概括出概念的本质特征，他们概括出来的某些特征往往是一些偶然的或具体的联系，可能并不是概念的本质特征。

这一阶段的思维形式是具体逻辑，还未达到概念学习所需要的抽象逻辑思维。学生的思维类型又会表现出如下几种类型：

1. 将概念名称与已有知识建立非本质的联系。例如，学生将“电解质”与“化合物”建立起非本质的联系，片面地认为有机化合物不是电解质。

2. 在感性材料间建立起非本质的联系。例如，有的学生将“溶液”与“导电性”建立起联系，认为“所有物质的溶液都导电”。前两种都是根据一条标准属性在两个词语或者指代物之间建立起联系。

3. 概念名称与感性材料和已有知识建立起多重非本质联系，并能够将关系描述出来，在多于两个事物或者概念间建立起直线的联系。例如，学生将“氯化钠”“盐”“电解质”建立起联系，认为“氯化钠属于盐，盐都是电解质，所以氯化钠是电解质”。

4. 在几个非标准属性间建立起较为复杂的联系。例如，将“溶液”“导电”“酸碱盐”和“电解质”建立起联系，“酸碱盐属于电解质，酸碱盐的水溶液都能够导电，电解质能够导电”。

5. 假概念。维果茨基指的假概念也被称为“概念—复合物”，假概念之所以能称为“概念”，是因为学生使用的词语和科学概念的定义是一致的。但是，假概念的思维是一种联想形式，与真概念的思维和理解是不同的，从根本上来看还是一种复合物。维果茨基指出要区分真概念还是假概念，需要通过思维形式来判断，这一思维形式体现在真概念对事物或者事件具有解释的功能，在客观事物和真概念之间存在因果动力关系 。这种假概念也被称为“相异构想（alternative

framework)”“前概念(preconception)”等，描述了学生的概念与科学概念之间的差异。

(三)形成阶段

概念发展的第三个时期是真概念的形成时期，这一时期包含概念形成的基本思维，抽象并区分出感性材料间的本质特征。这些本质特征是事物间必然的、稳定的和抽象的联系，是概念的标准属性，学生通过自己的语言能够将概念的定义作出描述。

学生应用抽象逻辑形成概念的过程中又分为两种类型。一种是在概括出感性材料特征的基础上区分和确立标准属性。例如，学生从“导电”“水溶液”“熔融”这些非本质特征中区分出“由离子构成的化合物”这一本质属性，并且能够将这一标准属性与“电解质”建立联系。第二种类型是学生能够将概念与已有知识的其他概念建立起本质的联系。例如，“盐是由金属阳离子和酸根离子构成的化合物”，所以“可溶性的盐在水溶液中能够产生导电的离子，而难溶性的盐在熔融状态下产生自由移动的离子”，所以盐属于电解质。

从概念发展的阶段来看，概念学习的过程表现了概念是不能给予的，概念要在大量的事实积累与辨别中形成；概念不是一次学会的，概念的形成只是概念发展的一个开端；概念学习不是词语的学习，概念学习的本质是思维定式的不断建构，这种思维应当是假说—演绎的思维。

二、创设引发学生思维的活动

概念不同于事实，事实是没有争议的可以通过记忆来实现，概念理解的教学重视学生的思维，它不是知识或事实的传递。事实是不容置疑的，概念与事实不同，它是可以质疑的。概念理解的教学是让学生相信这些概念的合理性。例如，“原子结构”的教学，不是让学生记住“原子是由原子核和核外电子构成的”这一事实，而是为让学生相信“原子是由原子核和核外电子构成的”提供理由和证据。学生需要思考：科学家是如何得知原子是由原子核和核外电子构成的？是不是所有科学家都是这样认为的？科学家关于原子结构还有其他观点吗？对科学概念的真实性、精确性、性质及价值进行个人的判断，从而对做什么和相信什么作出合理的决策。

教师要重视学生的思维，在概念教学中要创设能够引发学生思维的活动。学生概念学习所需的思维是“假说—演绎推理”。“假说—演绎推理”包括观察、提出假设、演绎预期结果、实施检验、对比预期与观察的结果、产生结论这六个要素，是连接科学概念学习和探究活动的纽带。

一种途径是教师给学生提供丰富的案例。在科学概念学习过程中学生体验到的具体事例及概念的非本质特征都会影响学生的推理过程，造成学生对概念的理解方式会有不同，从心理学的视角看这一现象也被认为是“归纳推理的多样性效应”。学生在学习过程中要能够辨别出概念有限的几个本质特征是保持不变的，而非本质特征和具体事例会发生变化。学生在探究过程中体验了哪些特征不变，哪些特征变化，才能够更好地理解概念。教师在概念教学中为学生提供概念的正例或者反例，都需要了解学生能够体验到“变了什么”或者“什么保持不变”，从这样一个视角审视课堂教学。

学生先通过观察归纳事物间的相似性提出有关新概念本质属性的假设。然后，通过“如果—那么”的程序性知识演绎出预期的结果，预期结果表现为识别概念的正例和反例。接着，学生寻找科学概念的其他例子设计实验，将预测的结果和实际的结果进行对比，收集那些能够证实或者证伪假设的证据。最后，学生将证据和假设通过推理建立起因果联系，总结科学概念的定义。科学概念的定义包含相关概念构成命题网络形式的陈述性知识，可以将新概念与原有概念相联系，从而得出结论并获得确定性的科学概念的本质特征。本质特征又可以作为标准来认识新的例子，所以本质特征又称为标准属性。如果证据不能支持假设，那么就需要重新提出有关科学概念本质属性的假设，进入下一轮的探究活动，重新寻找科学概念的正例或反例，设计实验收集更多的证据。

科学概念的学习经过“假说—演绎推理”的过程之后，是以包含经验和标准属性的框图形式储存在头脑中的，具有“模式识别”的能力，可以在其他情境中实现迁移。例如，在电解质概念的学习中，当学生观察到“氯化钠溶液导电”现象时，他（她）会选择出一些重要的信息，如“灯泡变亮”“溶液”“氯化钠”“水”“导线”，这些信息是学生观察到的事物。学生通过解释电解质溶液的导电现象，会形成图 6-1 所示的图式，这一图式可以迁移到其他情境中。

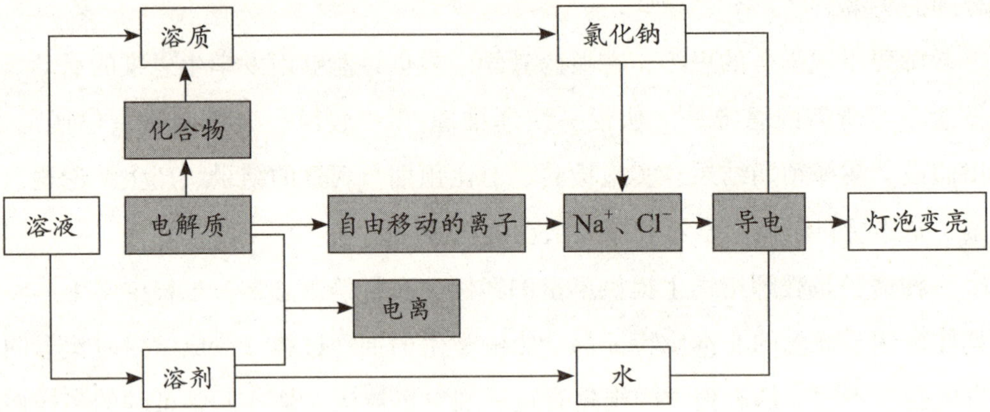

图 6-1　电解质概念的图式

另一种途径是教师在课堂上给学生提供必要的、及时的指导，让解释驱动探究内化为学生学习科学概念的一种策略，从而促进学生对科学概念的理解。学习策略一般内隐于学生的认知过程，让学生自觉地形成一种学习策略是非常漫长的。根据准实验研究结果，学生采用解释驱动探究学习电解质概念后，实验组学生对电解质概念的理解比控制组学生要高。之后学生继续采用解释驱动探究学习氧化还原反应概念，实验组学生对概念理解的水平明显高于控制组学生，说明解释驱动探究对学生理解概念起到了积极的作用。从课堂观察和对学生的访谈来看，学生最初并不明白为什么要用解释驱动探究来学习概念，认为按照传统的背诵概念的定义就可以完成学习，所以课堂学习中将近一半的时间学生都在熟悉解释驱动探究这一学习策略。准实验研究具有"效应持续性"的特征。让学生学会"解释驱动探究"这一科学概念学习的策略也是一项重要的学习目标，有助于培养学生自主学习的基本能力。

第二节　探究教学的建议

从实践来看，科学探究在课堂教学中并未达到预期的效果，尤其是“内容—过程”和“发现—探究”取向的科学探究在实施过程中遇到很大的困难。首先，教师对科学探究存在不一致的理解甚至误解。例如，许多教师认为科学探究是学生学习科学的唯一方式，科学探究就是让学生进行科学实验，科学探究重过程不重视结论等。其次，学校环境不具备实施科学探究的支撑条件，主要的困难包括：课堂教学的时间限制了科学探究的充分开展，班级规模及学生人数限制了小组合作的科学探究，学校缺乏适合科学探究的课程及场所。最后，教师缺乏实施科学探究教学的教育教学知识，在学生的探究活动中教师应当是一个有经验的合作者和指导者，然而通过调查发现很多教师并不具备通过科学探究进行教学的能力。

一、重视“解释”在探究中的作用

目前一些研究者和教师指出阻碍课堂中科学探究成功实施的主要因素有：缺少时间、探究目的不明确、班级授课制的限制和教师探究教学能力的限制。“解释驱动探究”能够解决这些问题，适合在课堂中开展。

（一）“解释”突破课堂时间限制

当前学校课堂一节课时间一般为45分钟，在此时间内学生需要学习课程规定的科学知识。以往的探究学生需要在一节课里设计实验、学习概念、进行交流，然而往往设计实验的活动会占据课堂中大部分时间，对科学概念或者知识的学习就落空了。这就是大多数教师认为的课堂中进行科学探究是费时的，不如讲授法能够向学生传授更多的科学知识。

如果在课堂中开展的探究教学是围绕一个研究问题进行解释，那么解释的过程必然会引发学生对概念的探讨，时间就会集中在概念的学习和以此引发的探究活动上，这样科学概念的学习得到了保障，同时学生还能够进行一些交流活动，更加重视学生的思维活动。

（二）“解释”明确探究目的

在探究课堂上，学生开展的很多探究活动都只是动手，而没有动脑。学生不清楚为什么要开展探究活动。很多教师也不喜欢使用探究教学，一个原因是他们对探究教学的目的不清晰，不知道学生通过科学探究能够获得什么，为什么要通过探究教学来促进学生进行科学学习。也就是说他们不清楚探究教学与讲授法在传授学生知识方面有什么不同，他们认为探究就是为科学知识的获得而服务的，单纯从传授知识这一角度看，教师认为探究教学是比较费时的，但是单纯依靠讲授学生并不能深入地理解科学概念。

在探究教学中，如果重视“解释”的活动，那么学生就会知道自己动手开展的探究活动，最终目的是对科学问题提供可能的答案，那么学生以此开展的各项探究活动就变成了检验答案的准确性或者探索最佳答案的过程，科学探究的过程就不会盲目，目的便会清晰起来。

（三）“解释”突破班级小组限制

科学探究的过程常常伴随着学生的小组合作与讨论，如何分组、讨论什么是教师在探究教学中关注的问题。在探究教学中，教师对学生的分组是随意的，根据学生在教室里的座位，让相邻的几名学生组合成一个小组，讨论实验结果。在分组的过程中并未考虑到学生的知识水平，可能带来的问题有：小组内部往往只代表了某个人的观点，而这个人可能是小组里概念理解水平比较高的学生；小组之间的观点可能具有相似性，可能代表了能力高的学生的观点。这样小组内和小组之间的讨论就会落空。

解释驱动探究解决了班级限制的问题。“解释”是对研究问题提供的答案，学生的基础知识不同，解释也会不同。根据学生对研究问题提出的可能的假设，或者由教师给学生提供几个假设，让学生去选择自己认为对的解释；这样按照学生认可的假设进行分组，让持有不同假设的小组成员之间相互辩论，交流观点。这种分组突破了课堂班级空间的限制，这种分组不是几个学生坐在一起的形式，而是表示出了不同群体对同一个问题所持有的不同观点。

（四）“解释”明确教学方向

教师去设计一节较为成功的探究课堂也是比较浪费时间的，同时也受限于教师进行探究教学设计的能力。解释驱动探究可以帮助教师设计探究活动，并在一定程度上辅助教师在课堂上指导学生探究。针对已有研究对学生解释所出现的困难，教师可以提供相应的指导。

一是学生难以形成观点，表现为在课堂上很难提出一个假设。美国哲学家、实用主义的代表人物皮尔士（Peirce）指出提出一个假设和选择一个假设所需要的推理类型具有一致性，因此教师在进行教学设计时可以预设几个假设供学生选择，能够在课堂中节省一些时间，提高学习效率。

二是学生难以判断证据是否有用，表现为学生虽然选择了证据，但是不知道能否支持自己的观点。此时教师可以给学生对比哪些证据能够强有力地支撑观点，哪些证据不足以支撑观点，由此评价不同证据的有效性。

三是学生简单地将观察到的现象与观点建立联系，缺乏推理过程，表现为学生认为从观察到的现象能够直接得出结论。研究者指出一些有经验的教师也经常让学生重复描述观察到的现象，进而得出教科书中指明的结论，并没有引导学生解释现象。也就是没有引导学生从观察到的现象中提炼证据，在理解科学概念的基础上进行一定的推理，用证据支持观点。也有研究者指出对自然现象的解释是复杂的，而在实际的教学中教师和学生往往在原因和结果之间建立起简单的、直线的联系。

在我国当前以实验为主的探究中也出现了同样的问题，即教师让学生描述观察到的现象，直接让学生得出结论，或者直接给学生呈现结论。课后通过对学生的即时访谈发现学生认为只要观察到了相应的现象就能够得出结论了。由现象何以得出结论，缺乏了在学生科学概念理解水平上的解释过程，这显然让当前的探究教学流于形式，只追求形式，严重忽视了学生积极思维的“神似”。针对这种情况，教师可以给学生提供一些有效的证据，并引导他们在证据和结论之间建构合理的解释。

二、加强探究和概念的联系

以往的探究将科学理论、科学概念或模型都看作是科学探究的产物，然而这些不同类型的科学知识不仅反映了知识产生的方式，而且还包含对探究过程中产生科学知识的那些活动的认识。例如，“控制变量”是科学探究中设计实验的一项重要活动，这项活动的目的是建立两个变量之间的因果关系，这一点大多数的学生是不清楚的。如果学生不能认识到科学探究中各项活动对科学知识产生的作用，那么就不会良好地开展科学探究进而理解科学概念。

以往的探究只关注了知识产生的过程，忽视了探究过程中学生对产生科学知识的那些活动的认识。探究的过程并不是显示我们从课程中所知道的概念，而是通过调查研究学生如何知道这些概念以及为什么要相信这些知识。克拉伊契克（Krajcik）等人指出在探究中需要发展起学生对科学的三类知识：（1）知道学科领域的核心概念和基本原理；（2）知道如何进行设计和实施研究，在这个过程中要学会采用学习策略；（3）知道“什么可以作为证据”“哪些证据对解释最有效”等，这属于认识层面的知识，通俗一点说就是要知道“游戏（探究）的规则”。

国际科学教育重视将探究和科学概念的学习紧密联系起来，美国新一代科学教育标准中描述了随着学生年级的升高，越来越重视科学概念对科学探究开展的重要性，并且依据科学概念来收集证据建构解释。要求学生能够采用多种方法并借助一定的科学概念、原理和理论作为支持来建构解释。

第三节　研究展望

当前国际科学教育研究倡导科学探究和科学概念学习相融合的背景下，“解释”的地位越来越显著。我国的中学教学以课堂教学为主，探索适应课堂背景下学生科学概念学习的有效策略是非常重要的。基于本书介绍的工作，提出更多值得研究的问题。

一、探索科学概念的学习策略

帮助学生学会学习，如何将解释驱动探究内化为学生概念学习的一种策略。在科学学习心理学研究中，学习策略是研究的重要领域之一，近年来也成为教育学和心理学研究的热点问题，掌握学习策略已经成为衡量学生学会学习和学会思考的根本标志。

学习策略的研究主要关注学生如何学习的问题，根据学习目的选用不同的学习策略。“解释驱动探究”作为科学概念的学习策略与一般的学习策略所发挥的作用是不同的。一般的学习策略不仅包括记忆策略、组织策略、精加工策略等信息加工过程中的认知技能，还应当包括对信息加工过程的调节与控制，也被称为元认知策略。一般的学习策略被研究者看作是一种内隐的学习规则系统，适用于各种学科知识的学习过程，研究发现一般的学习策略并不总是促进学生的学习，学习策略内隐于学生的学习过程，在某些条件下学生并不会有意识地使用或者不知道该如何使用。

解释驱动探究作为促进科学概念理解的学习策略，是一种具体的学习策略。学生学习科学概念的过程也是应用解释驱动探究的活动过程，解释驱动探究和科学概念的学习是相互作用的。解释驱动探究一方面作为内隐的学习策略促进科学概念的理解；反过来对科学概念的理解又会指导学生有目的地开展探究，并通过外显的活动表现出来，实现了科学探究“动手”和“动脑”的结合。针对学科特点和学习内容的具体学习策略在 20 世纪 80 年代之后兴起，日渐成为心理学领域中一项重要的研究内容。

二、探索不同层次学生概念学习的机制

从科学教育研究的视角来看，还有以下继续深入研究的问题。

第一，探索“解释驱动探究”这一学习策略对不同层次学生学习的影响。不同层次的学生指的是学生在学校中不同的学业成就水平，继续探索解释驱动探究在课堂中对不同学业水平的学生产生的影响是否一致。本研究在数据统计过程中发现学校学业成绩处于中间水平的学生更容易使用探究的方式学习科学概念，

而高水平的学生更容易采用接受式的学习方式，而低水平的学生由于已有知识经验薄弱也不适合在课堂中开展探究。但是这一发现还需要进一步进行研究设计，收集相应的证据来证实。

第二，探索“解释驱动探究”中学生课堂活动表现。斯科特（Scott）等人认为教师与学生之间的对话能够以科学概念作为中介帮助学生交流对自然现象的解释及理解，他们按照教师讲授科学概念的方式分为“权威的”和“对话的”。如果教师是以专家的身份向学生讲授科学概念，那么就是“权威的”形式；如果教师以引导者的身份逐步帮助学生获得科学概念，那么就是“对话的”形式。将学生的想法是否参与到对话中分为“交互的”和“非交互的”。根据教师讲授科学概念的方式和学生参与活动的情况提出了课堂活动的四种类型，研究者根据这四种类型做出课堂观察可以了解学生科学概念学习的深入情况。当前学校中的科学教学多数是以一种“非交互的/权威的”方式开展的，而“解释驱动探究”多是以一种“对话的/交互的”的形式展开的。在本研究基础上进一步研究的内容，是通过课堂观察研究不同类型的对话对不同层次的学生科学概念学习的影响。不同类型的对话并不代表教学策略的优劣，教师教学的质量取决于制定正确的策略选择，不同类型的谈话发挥不同的作用。

第三，探索“解释驱动探究”各个环节对学生科学概念学习的影响。解释驱动探究包括提出假设、收集证据和得出结论三个主要的环节。这三个环节对学生科学概念学习的影响是否是一样的？在科学概念学习过程中学生是如何开展及认识这些环节所发挥的作用的？这些问题将是今后研究需要解决的。

三、建构解释驱动探究的教学模式

从教师教学的视角来看，教师在探究中发挥着重要的作用。解释驱动探究可以帮助教师解决当前探究教学的一些问题。教师一方面按照解释驱动探究教学框架设计及开展探究教学，另一方面可以提高教师探究教学的教育教学知识（pedagogical content knowledge）的增长。

第一，解释驱动探究解决了目前我国课堂中科学探究实施的一些阻碍因素：缺少时间、探究目的不明确、班级授课制的限制和教师探究教学能力的限制。解释驱动探究提供了教学设计的策略，可以帮助教师设计解释驱动探究活动，在某种程度上辅助教师进行科学探究的教学设计。解释驱动探究作为促进科学概念理解的一种学习策略，并不代表科学课程中所有概念都适合采用这种学习策略。那些作为科学理论基石的、对具体的事物或现象具有解释作用的科学概念，如分子、原子、化学键、电解质、氧化还原反应等，适合采用解释驱动探究作为学习策略。而那些描述物质类别和性质的科学概念，如单质、体积、物质的量等概念则不适合采用这种学习策略。解释驱动探究能够适用于哪些科学概念的学习，这还需要进一步得到来自实践证据的支持。

第二，教师受到自身探究教学的教育教学知识的限制，他们在开展解释驱动探究教学中显示出不同的实践形式。有研究者曾调查了 23 名教师在实践中所开展的解释驱动探究教学，发现了四种实践形式。

（1）以显性的方式讲授何谓科学解释。教师在教学中以显性的方式进行讲授如何进行科学解释，这是一种比较常见的教师实践活动。就科学解释来说，学生需要首先知道如何进行一项科学解释。科学解释必须包括观点、证据和推理。已有研究发现当教师明确地给学生讲授什么是科学解释，学生能够进行比较好的科学解释。

（2）讲授为何进行科学解释。在探究过程中，很多学生在“做科学”的过程中往往不理解为何这么做，对自己所做的实践活动缺乏明确的认识。例如，学生都会用“控制变量法”来设计和进行实验，但是为何要对变量进行控制，进行实验的目的是为什么，很少学生能够明确地回答。在我国以实验为主的探究活动中也发现了学生对实验的目标是不明确的。研究者认为不仅让学生要会进行探究，而且还要让学生了解为何要进行探究。对科学解释来说，有些教师在实践中认为学生必须要明白为何进行科学解释才能更好地进行科学解释。因此，教师认为学生必须要了解为何要对一个现象进行解释，为什么要为一个观点寻找证据，为何要辩护一个观点等。

（3）三是讲授如何进行科学解释。模拟科学家的探究来帮助学生了解如何进行科学探究，研究指出探究中教师先给学生模拟科学家是如何从繁杂的数据中观察并且推理得出证据的，学生根据教师的指导能够以同样的方式完成数据处理的过程。

（4）联系科学解释和日常解释。学生在日常生活中对一个现象或问题已经形成了他们的看法。在这个过程中学生的语言发挥了重要的作用，学生习惯于使用日常解释中应用的语言。在课堂背景下教师开展良好的探究活动以及创建良好的探究环境可以促进教师教育教学知识的增长，转化成教学实践的力量，推进学生对科学概念的学习和深入理解。

参考文献

［1］奥苏贝尔等著，佘兴南，宋钧译．教育心理学——认知观点［M］．北京：人民教育出版社，1994.

［2］毕华林，刘冰．化学探究学习论［M］．济南：山东教育出版社，2004.

［3］毕华林，亓英丽．化学学习心理学：促进学生高效学习的实证研究［M］．济南：山东教育出版社，2012.

［4］毕华林．化学教育科研方法［M］．济南：山东教育出版社，2001.

［5］蔡铁权，姜旭英，胡玫．概念转变的科学教学［M］．北京：教育科学出版社，2009.

［6］杜威著，孟宪承，俞庆棠译．思维与教学［M］．上海：华东师范大学出版社，2010.

［7］赫胥黎著，单中惠，平波译．科学与教育［M］．北京：人民教育出版社，2005.

［8］林崇德著．学习与发展：中小学生心理能力发展与培养［M］．北京：北京师范大学出版社，2003.

［9］刘知新．化学教学论（第三版）［M］．北京：高等教育出版社，2004.

［10］皮亚杰著，袁晖，郑卫民译．心理学与认识论：一种关于知识的理论［M］．北京：求实出版社，1988.

［11．任长松．探究式学习——学生知识的自主建构［M］．北京：教育科学出版社，2005.

［12］Reiser B J，Berland L K，Kenyon L 著，周建中，赵冰蕾译．引导学生参与科学实践：解释和论证——解读《K-12 科学教育框架》［J］．中国科技教育，2012（09）：34-39.

［13］毕华林．初中化学概念教学的几点思考［J］．化学教育，1996（09）：23-25.

[14] 方富熹，方格，朱莉琪．“如果P，那么Q，……?”——儿童充分条件假言演绎推理能力发展初探［J］．心理学报，1999（03）：322–329.

[15] 郭建鹏．概念学习理论及其条件述评［J］．心理研究，2010（02）：3–13.

[16] 胡卫平．科学概念教学中思维能力的培养［J］．中国教育学刊，2004（09）：44–47.

[17] 雷良．科学发现的本质及其逻辑机制的再发现［J］．自然辩证法研究，2006（07）：18–22.

[18] 李红，陈安涛，冯延勇等．个体归纳推理能力及其机制研究展望［J］．心理科学，2004（06）：7–9.

[19] 卢姗姗，毕华林．化学学习中“电解质”概念相异构想的跨年级研究［J］．化学教育，2013（12）：36–40.

[20] 唐小为，丁邦平．“科学探究”缘何变身“科学实践”?——解读美国科学教育框架理念的首位关键词之变［J］．教育研究，2012（11）：141–145.

[21] 徐学福．科学教学中的“探究”释义［J］．教育科学，2006（02）：20–23.

[22] 徐学福．探究学习中的失败探析［J］．教育科学论坛，2006（05）：5–8.

[23] 许应华，徐学福．论科学假设能力的结构与培养［J］．课程·教材·教法，2012（04）：86–91.

[24] 刘冰．中学生化学探究性学习的心理机制及其影响因素的研究［D］．山东师范大学，2002.

[25] Mintzes J J，Wandersee J H，Novak J D. Assessing Science Understanding. San Diego［M］. California：Elsevier Academic Press，1999.

[26] Liu X F. Using and Developing Measurement Instruments in Science Education：A Rasch Modeling Approach［M］. Information Age Publishing，Inc.，2009.

[27] Khalick F，Boujaoude S，Duschl R，et al. Inquiry in Science Education：International Perspectives［J］. *Science Education*，2004，88（3）：397–419.

[28] Alexandra R. Brandriet and Stacey Lowery Bretz. The Development of the Redox Concept Inventory as a Measure of Students' Symbolic and Particulate Redox Understandings and Confidence［J］. *J. Chem. Educ.*，2014，91（8）：1132–1144.

[29] Braaten M, Windschitl M. Working Toward a Stronger Conceptualization of Scientific Explanation for Science Education[J]. *Science Education*, 2011, 95(4): 639–669.

[30] Bridle C A, Yezierski E J. Evidence for the Effectiveness of Inquiry–Based, Particulate–Level Instruction on Conceptions of the Particulate Nature of Matter [J] . *Journal of Chemical Education*, 2011, 89 (2): 192–198.

[31] Bybee R W. Scientific and Engineering Practices in K–12 Classrooms[J]. *Science Teacher*, 2011 (78): 34–40.

[32] Driver R, Easley J. Pupils and Paradigms : A Review of Literature Related to Concept Development in Adolescent Science Students [J] . *Studies in Science Education*, 1978 (5): 61–84.

[33] Driver R, Newton P, Osborne J. Establishing the Norms of Scientific Argumentation in Classrooms [J] . *Science Education*, 2000 (84): 287 –312.

[34] Duit R, Treagust D F. Conceptual Change : A Powerful Framework for Improving Science Teaching and Learning [J] . *International Journal of Science Education*, 2003, 25 (6): 671–688.

[35] Ference Marton. Phenomenography–Describing Conception World Around Us [J] . *Instructional Science*, 1981 (10): 177–200.

[36] Lawson A E. Deductive Reasoning, Brain Maturation and Science Concept Acquisition : Are They Linked? [J] . *Journal of Research in Science Teaching*, 1993, 30 (9): 1029–1051.

[37] Lee S. Shulman. Those Who Understand : Knowledge Growth in Teaching [J] . *Educational Researcher*, 1986 (2): 4–14.

[38] Lotter C, Harwood W S, Bonner J J. The Influence of Core Teaching Conceptions on Teachers' Use of Inquiry Teaching Practices [J] . *Journal of Research in Science Teaching*, 2007, 44 (9): 1318–1347.

[39] McNeill K L, Krajcik J. Scientific Explanations : Characterizing and Evaluating the Effects of Teachers' [J] . *Journal of Research in Science Teaching*, 2008, 45 (1): 53–78.

［40］Richard C，Raymond W. Learning Concepts from Definitions［J］. *American Educational Research Journal*, 1972（9）：384–390.

［41］Posner G J，Strike K A，Hewson P W，et al. Accommodation of a Scientific Conception：Toward a Theory of Conceptual Change［J］. *Science education*，1982，66（2）：211–227.

［42］Perkins D N，Grotzer T A. Dimensions of Causal Understanding：The Role of Complex Causal Models in Students' Understanding of Science［J］. *Studies in Science Education*，2005：117–165.

［43］Sandoval W A，Reiser B J. Explanation–Driven Inquiry：Integrating Conceptual and Epistemic Scaffolds for Scientific Inquiry［J］. *Science Education*，2004，88（3）：345–372.

［44］Sandoval W A. Conceptual and Epistemic Aspects of Students' Scientific Explanations［J］. *The Journal of the Learning Sciences*，2003，12（1）：5–51.

［45］Songer N B，Kelcey B，Gotwals A W. How and When Does Complex Reasoning Occur? Empirically Driven Development of a Learning Progression Focused on Complex Reasoning about Biodiversity［J］. *Journal of Research in Science Teaching*，2009，46（6）：610–631.

［46］Taber K S. Conceptual Resources for Learning Science：Issues of Transience and Grain–Size in Cognition and Cognitive Structure［J］. *International Journal of Science Education*, 2008（30）：1027–1053.

［47］Tretter T R，Jones M G，Andre T，et al. Conceptual Boundaries and Distances：Students' and Experts' Concepts of the Scale of Scientific Phenomena［J］. *Journal of Research in Science Teaching*，2006，43（3）：282–319.

［48］Committee on Conceptual Framework for the New K–12 Science Education Standards；National Research Council. A Framework for K–12 Science Education：Practices，Crosscutting Concepts，and Core Ideas［S］. Washington，D. C.：National Academies Press，2011.

［49］Wittwer J，Renkl A. Why Instructional Explanations Often Do Not Work：A Framework for Understanding the Effectiveness of Instructional

Explanations [J] . *Educational Psychologist*，2008，43（1）：49-64.

[50] Liu X F. Synthesizing Research on Student Conceptions in Science [J] . *International Journal of Science Education*，2001（3）：55-81.

[51] Liu X，Boone W. Application of Rasch Measurement in Science Education，Maple Grore，MN : JAM Press，2006.

后　记

自2009年进入山东师范大学毕华林教授课题组读研究生以来，本人对科学学习心理学领域的研究，尤其是学生概念学习产生了浓厚的研究兴趣。硕士阶段三年时间围绕学生的相异构想开展了系列研究，当诊断出学生概念学习产生的诸多相异构想时，不是感慨教育的无力，而是感叹科学学习过程中学生心理的奇妙。博士阶段三年时间仍然选择概念学习领域开展研究，研究兴趣在于探索合适的教学策略促进学生学习科学概念，本书便是在博士论文基础上的进一步完善。完成本书的这一刻，本人在美国纽约州立大学布法罗分校访学，跟随国际科学教育专家柳秀峰教授继续开展相关研究。

本书呈现了一幅学生科学概念学习心理的图像，虽然这幅图像没有绚丽色彩，但是足够真实，这体现了实证研究的主旨所在。有关学生学习心理的活动不是研究者的个人断言，通过实证研究可以了解到学生学习过程中丰富的心理世界。就像美国著名教育心理学家奥苏贝尔说的那样，只有了解到学生的学习心理，并在此基础上进行教学才是有效的。不管教育怎样发展，对学生学习心理的研究将一直处于教育研究的核心地位。

学生的心理活动是非常复杂的，要想了解学生学习的心理世界，需要采用科学的研究方法。反思教育实践本质上也是一种探究活动，本书中介绍的“解释驱动探究”同样适用于科学教育研究，即教育研究是对教育教学问题的一种解释。这种解释不是空想出来的，而是基于证据的一种观点，证据则来自于教育实践活动。希望本书能够给关注科学学习心理的研究者、教师提供一些参考。

本书完成之际，感谢恩师毕华林教授的学术引导、山东师范大学化学教学论课题组全体成员的协助，山东科学技术出版社对本书的编辑出版。书中参考和引用了许多研究者的成果，在此深表谢意。由于水平所限，书中缺点和错误在所难免，有些观点还需不断商榷，诚恳读者提出宝贵意见。

卢姗姗

2018.10